KB179733

건축 콤페

KENCHIKU KONPE NANTE MOUYAMETARA? (建築コンペなんてもうやめたら?)
by Kensuke Yoshida
Copyright © 2022 Kensuke Yoshida
All rights reserved.
Original Japanese edition published in 2022 by WADE LTD.
Korean translation rights arranged with WADE LTD.
through Korea Copyright Center, Inc., Seoul
This Korean edition was published by ZIP Publications in 2023 by arrangement with
WADE LTD. through KCC(Korea Copyright Center Inc.), Seoul.

건축 콤페

일본 건축 콤페의 볼썽사나운 역사

초판 1쇄 펴낸날 2023년 10월 5일
지은이 요시다 켄스케
옮긴이 강영조
펴낸이 이상희
펴낸곳 도서출판 집
디자인 조하늘

출판등록 2013년 5월 7일
주소 서울 종로구 사직로8길 15-2 4층
전화 02-6052-7013
팩스 02-6499-3049
이메일 zippub@naver.com

ISBN 979-11-88679-20-1 03540

• 책에 사용한 그림자료는 대부분 저작권자로부터
 사용 허가를 받았으나 몇 개는 미처 허가를 받지
 못했습니다. 확인되는 대로 허가 절차를 밟겠습니다.
• 책값은 뒤표지에 쓰여 있습니다.

건★축 콤페

일본 건축 콤페의
볼썽사나운 역사

요시다 켄스케 지음
강영조 옮김

집

시작하면서

20세기 건축가의 대표작을 모아보았는데 재미있는 것은 콤페로 된 것은 의외로 적더라고요. 웃손의 시드니 오페라 하우스. 단게(丹下) 선생님은 히로시마 평화회관과 도쿄 카테드랄인데, 도쿄 카테드랄은 '오픈 콤페'가 아닙니다. 그리고 사리넨의 제퍼슨 메모리얼 정도.

《단게 켄조를 말하다(丹下健三を語る)》[마키 후미히코(槇文彦)·가미야 코지(神谷宏治), 가지마출판회(鹿島出版会, 2013)]에 실린 좌담회에서 건축가 마키 후미히코가 한 말이다.

마키의 말처럼 경제 사정이 좋았을 때라고 해도 뛰어난 건축 작품 또는 걸작이라고 할 만한 건축물이 건축 설계 경기, 그러니까 콤페로 만들어진 사례는 그다지 많지 않았던 것 같다. 마에카와 쿠니오(前川國男)의 대표작인 도쿄문화회관(東京文化会館)도 콤페가 아니다. 단게 켄조의 저 유명한 요요기(代々木) 종합체육관도 콤페로 만들어진 것이 아니다. 시노하라 카즈오(篠原一男)의 주택 걸작들은 말할 것도 없이 콤페가 아니다. 도쿄공업대학 백년기념홀은 특별지명이다. 기쿠타케 키요노리(菊竹清訓)의 이즈모대사청(出雲大社庁)의 사(舍)*, 미야코시로(都城) 시민회관, 도코엔(東光園)**도 콤페가 아니다. 안도 타다오(安藤忠雄)도 콤페로 만든 화제작은 없지 않나?

무슨 말인가 하면 콤페가 아니라도 좋은 건축을 할 수 있다는 뜻이다. 그런데도 왜 '콤페, 콤페' 하는 것인가.

분명한 것은 공평하다는 것이다. 그래서 공공건축은 원칙적으로 콤페를 거친다. 1877년에 영국에서 초빙되어 지금의 도쿄대학 공학부 교수가 된 후 "메이지 이후 일본 건축의 기초를 세웠다"는 조사이어 콘더(Josiah Conder)도 "콤페의 가장 큰 목적은 '페어플레이'다"라고 했다. 하지만 그걸 제대로 믿는 사람이 있을까.

스포츠처럼 빠르기를 겨룬다면 0.1초까지 정확하게 계측할 수 있다. 높이나 거리도 말 그대로 객관적으로 정확하게 계측할 수 있으니, 명확하게 공평하다. 그러나 건축 작품은 본시 무리다. 애당초 불가능한 얘기다.

가령 설계 지침을 꼼꼼하게 모든 절차를 일률적으로 법률에 버금갈 정도로 정해둔다고 하자. 그래도 공평한 심사는 불가능하다. 건축 작품에 '엄격한 우열' 따위는 존재하지 않는 것이다. 그러니 건축에서 '공평한 콤페' 따위 있을 수 없다. 게다가 '공평'이라는 탈을 쓰고 콤페를 한 것도 꼼꼼하게 들여다보면 허점투성이라고나 할까, 도저히 공평하다고 할 수 없는 것들이 통용되고 있다. 콤페에

---

* 시마네현 이즈모 시에 있는 이즈모 신사의 사무실 겸 보물전. 1963년 건축된 철근콘크리트 단층 건물
** 돗토리현 가이케 온천의 호텔. 1964년 건축

응모하는 건축가들은 방대한 에너지와 경비를 쏟는다. 단순히 '공평성'이라는 면죄부를 위하여 안 봐도 뻔한 우스꽝스러운 '드라마'를 되풀이하는 것을 이제는 그만두어야 하지 않을까.

어떤 사람이 이런 말을 했다. 2021년 올림픽·패럴림픽도쿄대회의 주 경기장, 신국립경기장 정식 콤페에서 결정한 작품을 취소하고(백지 철회) 다시 콤페를 했다. 두 번째 콤페를 했더니 응모를 한 것은 두 팀뿐이어서 둘이 겨루었다. 그럼에도 "공익성이 있는 콤페로 하면 사회가 그 건축을 만드는 프로세스를 공유하고 검증할 수 있으니 의의가 있다"고 한다. 다시 말해서 콤페로 해 두면 국민도 관심을 가지고 그 건축을 쳐다보게 된다는 것이다.

말도 안 되는 낙관론이다.

올림픽·패럴림픽도쿄대회는 특수한 '사건'이라 많은 사람이 관심 가지고 그때만이라도 눈을 돌릴지도 모르겠지만 어디서 어떤 건축이 어떤 사정으로 만들어지는가에 대해서는, 안 됐지만 그다지 관심이 없다. 예를 들면 일본무도관(日本武道館)은 일왕이 참관하는 국가적 행사장으로 사용하기도 해서 모르는 사람이 없는 건축이지만 실은 그것이 콤페로 만들어졌다는 것을 아는 일반인은 거의 없지 않을까.

관심이 없단 말이다.

그 콤페는 미리 정한 결론을 내려고 심사 도중에 국회의원 6명을 심사위원으로 추가하여 심사를 했다. '건축 콤페 역사'에 남을 이런 불상사를 아는 사람은 거의 없다. 건축계의 '소동'은 건축계만의 일이어서 일반인을 끌어들이려고 하지 않는다. 이 책에서 다룬 사례는 그저 빙산의 일각이기도 하지만 논리적으로 모순투성이이며 '공평성'이라고는 눈곱만큼도 없는 설계 경기가 콤페라는 것이다. 하지만 그것을 위하여 소요되는 건축계의 엄청난 에너지, 역사적으로 보면 천문학적 숫자의 금액과 노력을 보고 있자니 정말로 그만두어야 할 때가 아닌가 하는 생각이 들었다. 바로 이것이 이 책을 쓰게 한 동기다.

차례

부록

일본 최초의 콤페다운 콤페

타이완총독부 청사 외 세 건

**일본 최초의 콤페다운 콤페는 언제,
어떤 콤페였나?**

메이지(明治)에서 다이쇼(大正)로 바뀌는 시기, 연이어 4개의 콤페
가 나왔다.

타이완총독부 청사, 미쓰비시(三菱三菱) 합자회사 본사, 오사카
시청사, 오사카시 공회당. 이전에도 '경합'이 없지는 않았다. 역사
적으로 기록은 해둘 만하겠지만 이 책에서는 생략한다. 여기서는
지금에 와서도 문제가 될 만한 것을 대상으로 하고 싶다.

타이완총독부 청사

1907년, 타이완총독부 청사의 설계자를 콤페로 선정한다고

발표했다.

그때까지 일본에서는 행정시설은 각각의 행정관청에서 설계하는 것이 상례였다. 놀랄 만한 일이지 않은가.

'신청사 건설을 할 때 타이완총독부에 소속되어 있는 기술진이 설계를 할 것인가, 아니면 콤페로 할 것인가' 적어도 논의는 했던 모양이었다. 콤페로 하기로 한 후에도 신문에는 "총독부에 적당한 기사가 있는데 거금을 들여서 콤페로 할 것까지는 없다"며 비난하는 논조가 실린 것을 보면.

이 말이 나올 무렵 영국의 RIBA(영국왕립건축가협회)에서 만든 "현상도안모집규정"이 일본의《건축잡지》(일본건축학회, 1907년 6월)에 소개되었다.

    1등을 한 자가 설계의 실행자가 될 것.
    실행 예산이 예정액 보다 10%이상 초과한다고 심사원이 판정한
    경우에는 부적당하다고 인정한다.

콤페라고는 들어본 적도 없는 일본 건축계에서 '이게 뭔 소리지'라고 한 것은 당연한 일이었다.

타이완총독부 청사 콤페를 두고 건축계에서 찬반양론으로 떠들썩할 때 고토 신페이(後藤新平)라는 인물이 건축계의 여론을 선도해서 콤페를 강하게 밀어 붙여 실행하게 되었다.

고토 신페이는 1898년, 총독부의 민정장관에 임명된 백작이다. 의사이기도 하고 나중에 도쿄시장까지 한 인물이다. 고토는 콤페를 밀어붙일 뿐 아니라 "상금이 많으면 많을수록 응모자는 진검

승부를 하게 되고 좋은 안이 나온다"며 3만 엔을 기부했다.

콤페가 당초부터 제대로 진행된 것이 흥미진진하다.

심사위원은 다쓰노 킨고(辰野金吾), 나카무라 타츠타로(中村達太郎), 쓰마키 요리나카(妻木頼黄), 쓰카모토 야스시(塚本靖), 이토 추타(伊東忠太) 그리고 타이완총독부의 일본인 기사 두 명이었다. 이 두 명의 기사는 알려지지 않았는데, 나머지는 모두 도쿄제국대학 건축학과 교수로 쟁쟁한 사람들이다. 다쓰노 킨고는 명예교수로 도쿄제국대학이 초빙한 영국인 건축가 조사이어 콘더에게 배운 1기생이고 나머지 네 명은 그의 후배이다.

응모 방법은 2단계이다. 당시 국제적으로 '2단계 방식'을 콤페로서 가장 좋은 방식으로 채택하고 있었으므로 거기에 따랐을 뿐이다. 1차 심사에서 열 명을 골라내고, 그 열 명을 대상으로 2차 심사를 해 갑, 을, 병을 선정, 갑상을 1등으로 하는 것이다.

그런데 필요한 실이나 면적, 공사내역 명세서 등 요구조건이 매우 까다로워 콤페 그 자체는 인기가 없었다. 응모자는 27명밖에 되지 않았다. 그래도 심사는 2차까지 진행되어 갑상은 해당 작품이 없고 을상과 병상만 선정되었다.

그러니까 '1등'이 없었다.

그러자 을상으로 선정된 건축가 나가노 우헤이지(長野宇平治)는 '1등 필선(必選)'을 주장하며 일본 건축학회의 《건축잡지》에 투고도 하면서 강력하게 불만을 터뜨렸다. 제2차 세계대전 후의 '히로시마 평화기념 카톨릭 성당'에서 '1등안 없음'이라는 심사 결과에 대해 기시다 히데토(岸田日出刀)가 엄청 화를 내면서 꺼내들었던 것이 바로 이 논문이다.

나가노 우헤이지의 을상 선정작 출처: 위키미디어 커먼스

실제 지어진 타이완총독부 청사 출처: 위키미디어 커먼스

콤페가 끝나고 10년 뒤, 을상으로 실시설계권을 받지 못했던 나가노 우헤이지의 안으로 타이완총독부의 기사가 건물을 지었다. 그것도 "장식이 과한 메이지 붉은 벽돌 양식으로 변경하여 실시되었다"고 한다.

건축가의 작품이 온전히 존중되지 못하고 제멋대로 이용되고 원안과 다르게 건물이 지어진다는 것이 어떤 이유에서건 정당화된다면 콤페에 달려드는 건축가는 루어에 매달린 물고기 같은 처지가 된다. '그러려면 뭐하러 콤페를 하는가'와 같은 근본적인 문제가 제기된다.

이것이 일본의 콤페다운 콤페의 '시작'이다.

미쓰비시 합자회사 본사 콤페

미쓰비시 합자회사의 콤페는 민간기업이 주최하는 첫 설계경기였다.

콘더도 심사위원 중 한 명이었다. 다쓰노 킨고가 도쿄제국대학에서 콘더에게 건축을 배울 때 RIBA에서 제정한 "현상도안모집규정"이 있었다. 이 규정은 매우 상세하고 엄밀했다. 설계경기는 당연히 하는 것이어서 필요성은 논의하지 않은 채 수순을 상세하게 논의하고 있다. 이 규정은 어디까지나 설계경기 운영을 위한 진행 수순이다. 설계경기가 왜 필요한가? 왜 설계경기로 해야 하는가? 목적과 이유를 영국의 이 규정에서는 눈을 씻고 봐도 찾아볼 수 없다.

영국은 건축가라는 직능이 확립되고 정착되어 있는 사회라서 설계경기가 무엇인지, 왜 필요한 것인지, 목적과 이유를 일부러 명기하지 않아도 되기 때문일까. 하지만 일본은 그렇지 않았다. 일본은 당시 건축가의 직능이 확립되어 있다고 할 수 없었다(지금도 아직 그 직능이 확립되어 있다고는 할 수 없지 않을까). 그래서 설계경기의 목적과 이유가 명기될 필요가 있었던 것은 아닐까.

미쓰비시 합자회사 본사의 콤페 지침에는 몇 가지 설계 조건이 붙어 있다.

1. 예선과 결선 2단계로 하는데 예선 결과에 대해 미쓰비시 쪽에서 만족스럽지 않다고 하면 그때는 결선을 하지 않는다.
2. 결선에서 당선되었다고 해도 목적에 맞지 않다고 인정될 때에는 시공하지 않을 수도 있다.
3. 심사 후에 이의를 제기하지 못한다.
4. 당선안의 소유권은 미쓰비시 쪽에 있다.

심사위원은 건축가 3명, 미쓰비시에서 7명이 나왔다. 이건 또 뭔가. 암튼 콤페는 실제로 이루어졌다. 54명이 응모를 했다.

주최자, 건축주 본위의 설계조건이라고 해도 54명이나 되는 많은 응모가 있었다는 것은 여러 가지 생각을 하게 한다. 그것은 건축가라는 자는 어떤 먹이라도 달려드는, 그러니까 아무리 건축가의 입장을 무시한 조건이라도 '일감'만 되면 먹으려드는 현실을 보여준다. 건축가의 지위가 확립되어 있지 않은 시대이고 콤페라는 것을 잘 몰랐던 시절이라고 할지 모르겠지만, 그런 생각이 든다. 아마 지금 이 시대에도 이런 조건이라고 해도 덤벼드는 건축가는 얼마든지 있을 것이다.

심사는 결선까지 진행되고 당선안이 결정되었다.

근데 그후 '1등 당선 건축가가 고문이 되어 착공된다'라는 소문이 나더니 '어디로 갔는지는 모르겠지만 그 계획은 사라져버렸다'고 한다.

주최자(미쓰비시)도 심사위원도 콤페란 무엇인가? 왜 콤페로 하는 것일까에 대한 생각이 일절 없었던 모양이다. 통상 설계의뢰와 마찬가지로 그저 54작품을 늘어놓고 비교하는 데에 이용되었다고밖에는 달리 할 말이 없다.

이 콤페의 심사위원에는 영국에서 온 조사이어 콘더도 포함되어 있었는데 미쓰비시 쪽에 아무 말도 하지 않았는지? 건축가 편에 서서 주장을 할 수 없었는지….

심사위원장은 콘더의 제1기 졸업생 다쓰노 킨고와 어깨를 나란히하는 '메이지 건축의 3대 거장' 중 한 사람인 가타야마 토오쿠마(片山東熊)였다.

오사카 시청사

타이완총독부 청사 콤페로부터 5년 후 오사카 시청사 콤페가 있었다. 오사카 시청사는 네 번이나 새로 지었는데 지금 서 있는 청사도, 그보다 먼저 지어진 것도 콤페의 결과였다.

그간의 경위와 사정은 《모두의 건축 콤페론》[야마모토 소타로(山本想

太郎)·구라카타 슌스케(倉方俊輔), NTT출판, 2020]에 상세하게 나와 있으니 사실관계를 알고 싶으면 이 책을 읽어 보기 바란다. 여기서는 요점만 이야기한다.

"오사카시는 1898년 시제특례(市制特例)가 폐지됨에 따라 부에서 독립하여 이제 막 발족한 때여서, 당시에는 아직 부와는 다른 독자적인 일체감도, 시민과의 연대감도 적었다"고 한다. 최근 오사카부에서 추진하고 있는 '도 구상'에서도 시민의 미묘한 감정과 시 당국의 구상이 제대로 소통되지 않고 있는 것처럼. 이 부분이 실은 내게는 이해가 잘 되지 않는데, 요컨대 시청사를 세워서 시민의 마음을 하나로 결속하자는 것으로 보인다.

하지만 의원들의 생각도 제각각이어서 쉽게 앞으로 나아가지 못한다. 그래서 '콤페라는 수단을 사용하여 일이 순조롭게 진행되도록 한다'는 의도로 콤페를 결정한 듯하다.

앞에서 인용한 몇 줄의 글은, 실은 야마모토, 구라카타 두 분이 "콤페로 하는 목적"으로 기술한 것인데 관심 있는 분은 꼭 그들의 책을 읽어 보시기를 권한다. 다만 나는 이 두 분에게 공감하고 있는 것은 아니므로 의도와 다르게 인용하고 있을지도 모르겠다. 그렇다면 양해를 구한다.

나는 건물을 짓는 일이 시민의 관심을 끌지도 모르겠지만 그것을 콤페로 한다고 해서 관심 없는 사람이 주목할 것으로는 보지 않는다. 다만 역사적 사실로서 이 오사카 시청사의 콤페가 실시되었다는 것만은 말해둔다. 다만 이 책에서 여러모로 참고하고 있는 오미 사카에(近江栄)의 《건축설계경기》(가지마출판회, 1986)에서는 전혀 언급이 없다.

오미에게는 의미 없는 콤페였던 모양이다.

오사카시 공회당

콤페 하나 더. 오사카시 공회당은 지명된 17명이 참가한 콤페였다. 17명의 선정은 '건설위원회'의 심의를 거친 것이라고 한다(이것도 다쓰노 킨고가 지명했다고 하는 건축역사학자도 있지만).

당선작의 선정 방식이 특이하다. 공회당의 건축 고문인 다쓰노가 말하기를 "구미 각국에서도 유례가 없는 참신한 것"이었다. 참가자 17명의 호선(互選)으로 선정한다는 것이다. 참가자들이 누구의 안이 좋은지 선정한다는 것이다. 지금도 '호선'이라는 말은 있지만 실제로 이루어진 것은 없지 않을까.

호선 결과가 나왔다. 최연소 청년 건축가 오카다 신이치로(岡田信一郎)의 안이 노장 베테랑 건축가를 누르고 만장일치로 선정되었다. 좀 짓궂은 의문인데, '만장일치'이니 오카다 신이치로도 자기 작품을 밀었다는 것이겠지. 호선 결과와 다쓰노 킨고가 머릿속에서 그리고 있던 결과와 맞아떨어졌는지 다쓰노는 무척 기뻐했다.

여기까지는 좋았다. 다음이 좀 안 좋다. 최우수로 선출된 오카다 신이치로 안에 다쓰노가 비판을 했다. 솔직하게 말하면 흠을 잡은 것이다.

고의인지 우연인지 정면 양 날개 처마 주름(軒蛇腹)에 단차를 두고,
3층에 세 개의 둥근 창을 병렬하고 또 큰 시계를 탑 중앙에 설치하여

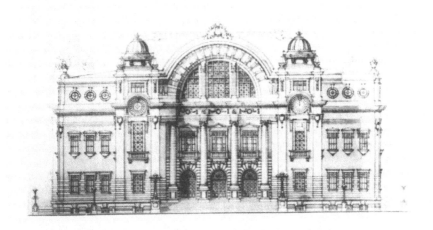

1등인 오카다 신이치로의 안, 정면도. 3층 최상부 양쪽 라인이 정면의 양쪽 작은 탑의
최상부와 높이가 다르고, 3층에 원형창 3개, 탑 중앙에 큰 시계를 설치한 것을 두고 다쓰노는
'재미 없다'고 했다.

실제로 지어진 공회당. 3층 형태가 완전히 바뀌었다. 양쪽에 있던 3개의 창이 1개로 줄었고,
시계도 없다. 출처: Kakidai, 위키미디어 커먼스

정류장처럼 보이게 한 것은 대단히 재미가 없다.

—"오사카시 공회당 설계도안 총평",《건축공예연총지(建築工芸沿叢誌)》1923년 2월호 참조

"대단히 재미가 없다?"

말로만 끝낸 것이 아니라 다쓰노 킨고는 자기 생각대로 바꾸어서 건물을 세웠다. 오카다 신이치로가 29세 때의 일로 아직 사무실도 제대로 정비하지 못하던 시기였기에 다쓰노가 원안과 다른 실시설계를 해버렸다. 이게 무슨 짓이란 말인가.

기술적으로 무리한 것이어서 실시설계를 다른 건축가가 맡는다거나 아니면 기술적인 검토에 따라서 수정하는 것과 '대단히 재미가 없다'고 하고서는 원안을 무시해버리는 것은 기본적으로 다른 행위다.

건축설계에 대한 개념이 없는 행동이다.

영국에서 온 조사이어 콘더는 건축 기술은 가르쳤지만 건축가의 마음가짐은 가르치지 않았던 것인가. 콤페로 당선된 것은 그 가치를 인정하고 경의를 표하지 않으면 안 되는 것인데 뭘 가르쳤단 말인가? 건축 작품과 제작자에 대해서는 사회적 지위와 신분과는 무관하게 존엄(해치지 말아야 할 권위와 다른 어떤 것과도 바꿀 수 없는 존재 이유)을 인정해야 하는 것을 가르치지 않았단 말인가?

메이지 시대 도쿄제국대학의 건축교육이 일본 건축 풍토의 근간이 되어버린 것은 아닐까. 그렇게 생각이 된다. 지금도 그런 느낌이 들 때가 적잖이 있기 때문이다.

당선안을 대장성 영선과에서 다르게 바꾸었다?

의원 건축 · 국회의사당

콤페로 할까, 대장성에서 설계할까?

국회의사당 콤페 이야기.

"지금 있는 국회의사당은 1918년(다이쇼7)에 있었던 '의원건축의 장설계' 현상 콤페 1등 안이다"라고 하면 좋겠지만 그런 것 같지는 않다. 분명히 1등 당선이 와타나베 후쿠조(渡辺福三)라는 건축가이며, 당선안의 정면도도 공표되어 있다. 그런데 그 정면도와 지금의 국회의사당이 다르다. 중앙 정면이 싹 바뀌었다. 지금의 국회의사당 건물은 알다시피 지붕이 각져 있고 위로 갈수록 작아져서 전체적으로 보면 계단 모양으로 사각추로 보이는데 당선안은 둥근 돔이 있다.

누가, 왜 다르게 바꾸었나?

국회의사당. 당시에는 '의원건축(議院建築)'이라고 해서 이미 1879년 무렵부터 건축 얘기가 나왔고, 1889년 무렵에는 구체적인

와타나베 후쿠조의 당선안 출처:《의원건축의장설계경기도집(議員建築意匠設計競技図集)》

지금의 국회의사당 출처: 위키미디어 커먼스

움직임이 있다가 대장성 영선과에서 설계를 했다고 한다(쓰마키 요리나카가 주도해서 거의 완성했다). 그런데 얘기가 그리 간단치 않았던 모양이다. 콤페로 해야 한다는 건축가가 있었다. 그런저런 경위도《모두의 건축 콤페론》에 소상히 쓰여 있으니 '근대건축사'로서 상세하게 파악해두고 싶은 분들은 반드시 읽어 보시기를. 여기서는 표면적인 줄거리만.

콤페 추진파의 중심에는 다쓰노 킨고와 이토 추타가 있었다. 다쓰노는 메이지 시기 건축계의 삼대 거장 중 한 사람인 거물로 '도쿄역' 설계자로도 유명하다. 이토도 '건축의 예술성'을 주장하고 건축에서 일본사학과 동양사학의 개척자이다. 작품은 헤이안 신궁, 메이지 신궁 등. 둘 다 도쿄제국대학 출신으로 타쓰노는 제국대학이 영국에서 초빙한 조사이어 콘더의 교육을 받은 제1기 졸업생이다.

메이지 건축의 삼대 거장 중 또 한 사람은 대장성 영선과의 총책임자인 쓰마키 요리나카인데 이미 '의원건축'의 설계를 거의 완성해 두고 있었다. 쓰마키는 콤페 반대파였다. 근데 다쓰노 킨고와 이토 추타를 주축으로 한 콤페파가 반격을 하기 시작했다.

이렇게 되면 어느 쪽이든 한쪽이 절단난다.

다쓰노 킨고는 제국대학 조가학과(도쿄대학 건축학과)에서 쓰마키 요리나카의 6년 선배가 된다(덧붙이면 도쿄대학은 졸업 서열이 매우 엄하다고들 한다). 결국 '준비위원회'가 만들어지고 다쓰노가 중심(사회자)이 되어 토의가 시작되었다. 몇 차례의 토론회가 있었고, 거기에다 신문, 잡지에서도 콤페 옹호론이 거세게 전개되었다. 자세한 것은《건축설계경기》에 기술되어 있다.

하지만 결과는 15대 6으로 콤페파가 패배한다. 콤페 반대파의 쓰마키 요리나카의 승리로 돌아갔다. 콤페 반대파의 이유가 재미 있다. '그러고 보니 그러네'하고 고개를 끄덕일 만한 이유지만, 오 미 사카에는 "과거에 있던 하나마나한 발언"이라는 뉘앙스로 비판 적으로 생각하고 있는 모양이다. 난 그렇지 않다고 생각한다. 이유 는 "자, 그럼 현재 반대파가 주장하는 이유는 완전히 해결되어 있 습니까?"라고 물어보고 싶은 심정이기 때문이다.

반대파의 의견을 소개해 둔다.

1. 심사위원으로 일류를 모아놓으면 응모자 가운데 일류 없음
2. 경기의 성적은 반드시 공평하지 않고, 양호하게 되지 않음
3. 일등 안을 반드시 실행하는 데에 적합하지 않음
4. 원안 모두를 일류 건축가들이 모여 협의하는 것이 좋음

1번은 당시 의원건축을 설계할 수 있는 건축가가 손으로 꼽을 정도밖에 없었으므로 그랬다. 어쩔 수 없는 일일 것이다. 하지만 1 번 이외는 최근에도, 예를 들면 신국립경기장 콤페 등에서도 있는 일이 아닌가. 나중에 말하겠지만 신국립경기장은 정식 절차를 밟 아 이루어진 국제 콤페를 통해 1등이 결정되었음에도 몇 개월이 지 난 후 마키 후미히코가 이 설계안이 "양호하지 않다"는 여론을 주 도하고 이윽고 많은 건축가를 끌어들여 당선안을 철회하라고 주장 했다. 그야말로 '경기의 성적이 반드시 양호하지 않음'으로 해 버렸 다. 정말이지 '1등이지만 반드시 실행하는 데에 적합하지 않음'을 그대로 보여주고 말았다. 결과적으로 어처구니없이 콤페를 두 번

이나 하게 되었다. 이 추태를 보고 있으면서도 의원건축준비위원회의 의견을 오미의 말처럼 "과거에 있던 하나마나한 발언"이라고 묻어버려서는 안 되지 않을까.

의원건축은 쓰마키의 주장이 받아들여져 콤페는 하지 않기로 하고 지금처럼 대장성 영선과에서 진행하기로 했다. 그런데 정치 상황과 사회정세의 격동으로 긴축 재정과 행정 정리가 시행되어 좌절한다. 게다가 설사가상으로 쓰마키 요리나카가 병으로 세상을 떠난 것이다. 이 계획은 다시 원점으로 되돌아갔다.

결국 콤페로 하게 된 의원건축

쓰마키 요리나카가 죽고 2년 뒤 다쓰노 킨고는 조사회를 새로 설치하고 콤페 실시를 추진한다. 여러 번 좌절할 뻔했지만 결국 1918년(다이쇼7)에 콤페를 하기에 이르렀다.

일본의 건축계에서 이 시기는 역사에 남을 흥미로운 시대였다. 일본의 전통적인 양식과 기술 개념에 서양의 파도가 밀려드는 시기였던 것이다. 이 서양의 파도를 어떻게 받아들이고 또 이겨낼 것인가. 그야말로 많은 의견이 나왔고 건축계는 떠들썩했다.

이 혼란과 주장의 내용과 분위기는 역사가의 해설에 맡기고, 여기서는 1등으로 당선된 와타나베 후쿠조의 의원건축이 '왜, 누구의 손에 의해' 모습이 바뀌었는가를 알아보자.

이 콤페가 기대한 것은 서양 일변도에서 탈피하는 것이었던 모양인데 논의만으로는 결착을 보지 못한 채 당선 안에 아련한 기대를 하는 모양으로 진행되었다. 아련한 기대란 '과거의 모든 양식을 토대로 하고 현대 일본 국민의 취미를 보여주는 신양식을 제안하는 것(의원건축을 둘러싼 일본 건축학회의 '양식 논쟁'에서 나온 유력한 의견 중 하나)'이 중심 의견이었다. 그야말로 아련한 기대.

심사위원은 13명. 위원장은 대장성 차관, 그리고 건축가 8인(이 중에 다쓰노 킨고가 있었다) 그 외 도쿄미술학교장 등 4명. 응모작품은 118점이다. 하지만 안을 들여다보면 "여전히 새로운 방향을 모색하면서도 거기에서 헤어나오지 못한 상태를 보여주는 결과였다"(오미 사카에,《건축경기설계》)라고 한다.

기대에 못 미친다고 해도 어찌되었든 결과가 나왔다. 1등으로 당선된 것은 와타나베 후쿠조라는 궁내성에서 토건업무를 담당하는 기관인 내장료(內匠寮)의 기수(기사의 아래 직급)였던 사람으로 동궁어소, 지금의 아카사카 이궁 영빈관의 설계조직에도 소속되어 있는 사람이었는데 당시 무명이었던 모양이다. 와타나베 후쿠조 한 사람의 작품이 아니라 궁내성 내장료의 동료[요시모토 히사요시(吉本久吉) 외 2명]와 공동설계였다.

'결과'는 나왔지만 그 뒤에 힘든 일이 기다리고 있었다.

건축의 경우 구체적인 모습을 보고나면 뭐든 입을 대고, 주관적인 비판이 쉽게 솟아오르는 법이다. 객관적으로 계측할 수 있는 성능이나 조건이 아니라 주관적(기호)인 문제가 되면 '그럴싸하게' 평가하는 것은 쉬운 일이 아닌 것이다. 그러니 이 콤페 결과가 공개 전시되자 여기저기서 말이 많았다. 그 말들은 일부러 들먹이지 않겠다. 역사책을 찾아 읽어보는 게 좋다. 나는 콤페의 결과를 보고 입선자를 끌어내리기 위해 이래저래 씹는 것은 절대로 해서는 안

될 태도라고 생각하고 있으므로, 결과를 보고 입을 댄 것에 대해서는 눈을 돌리지 않기로 하고 있다.

그래도 다음 두 분의 의견은 아무래도 여기에 써 두고 싶다. 먼저 이토 추타다. 이토 추타는 이런 말을 한다.

당국은 1등안으로 실시하지 말고 다른 적당한 안을 찾을 노력을 할 것.

어림없는 말씀이다. 건축계의 중앙에 계시는 분이 하신 말씀이라고는 믿을 수 없다. 더구나 이토는 다쓰노 킨고와 함께 '콤페로 해야 한다'고 주장한 사람이다. 무슨 생각을 하고 있는 걸까. 그는 헤이안 신궁과 메이지 신궁의 설계자다. 새해 참배나 결혼식 얘기가 아니다. 국가의 문제를 논하는 국회의사당이다. 도대체 어떤 설계안이어야 좋다는 말인가. 게다가 "적당한 안이라고 하지만 구체적으로 명시하기는 어려우나…"라고 하는 것을 보면 콤페를 하면 거기에 모인 많은 설계 안 가운데 뭔가 힌트가 될 법한 것이 있을지도 모른다는 생각이었던가.

한 사람 더. 시모타 키쿠타로(下田菊太郎)라는 도쿄 제국대학을 중퇴한 건축가. 다쓰노 킨고의 10년 후배다. 그는 입선 작품 모두가 "여전히 구미를 추종하는 디자인이라는 점에 항의를 하고 의장 변경의 청원서를 의회에 제출"(오미 사카에에 따르면)했다고 한다. 게다가 정중하게 자기도 설계안을 만들어서 공개하고 있었다. 어이가 없다. 이걸 '나중에 내는 가위바위보'라고 한다. 농담 따먹기 세계에서나 통하는 거다. 메이지 시기에 제국대학에서 건축을 배운 건축가들은 무슨 생각을 하고 있었던 것일까. 어이가 없는 시대였다고

만 할 것도 아니다. 지금도 그런 사람들이 있다.

엄청난 비판 속에서도 의원건축은 콤페를 다시 하지 않고 실시설계가 진행되었다. 그런데 또 문제가 생겼다. 1등 와타나베 후쿠조의 안에서 뭘 바꾸고 무엇을 살린 것인지, 나는 상세한 자료를 가지고 있지 않지만 중앙 정면의 모습을 이렇게나 바꾸어버리니 전혀 다른 건축이 되었다고 해야 하지 않을까. 콤페 결과를 바탕으로 했다고는 하지만 '완전히 다르게' 실시설계를 한 것은 '대장성 임시 의원 건축국'이다. 그러니까 콤페로 1등 안을 결정해 놓고서 대장성의 건축국이 제맘대로 디자인한 것이다. 그것도 원안을 수정하는 정도를 넘어섰다.

건축가의 작품(저작물)을 이렇게나 가볍게 보고 콤페 당선안을 단순한 힌트 정도로 생각한 것임에 틀림없다고 해도 과언이 아니다. 이유는 공표되지 않았지만, 콤페를 할 때 결과가 나오더라도 '어떠한 건축이 의원건축(국회의사당)이라고 할 수 있나'라는 의견이 수백 개나 나왔지만 결론을 내지 못한 채 실시설계를 했다. 게다가 이 임시 건축국에 와타나베 후쿠조와 함께 이 콤페의 설계안을 만든 또 한 사람, 요시모토 히사요시가 들어가 실시설계를 했다(우연히 그렇게 인사이동이 된 것일지도 모르겠지만, 콤페 설계안의 설계자로서 참가한 것은 아닌 듯하다).

애당초 건축가가 설계한 것이 회화, 문학, 음악처럼 '개인의 저작물'이라는 개념이 있었다면 다른 사람의 '작품'을 제멋대로 바꾸거나 하지는 않았을 것이다. '건축이 개인의 저작물'이라는 개념이 거의 없을 때 서양의 건축기술을 먼저 배우기 시작했다는 자부심과 국가를 위해 만든 '대학=제국대학'의 졸업생이라는 자부심으로 가득한 학교 졸업생으로 조직되어 있는 대장성은 강력한 국가기관이었다.

그 강력함이 콤페에서 1등으로 당선된 작품이라도 설계안의 중요한 부분을 다르게 바꿀 수 있게 했다. 그런 콤페였던 것이다.

1등 당선작을 뽑지 않은 콤페 이야기

히로시마 평화기념 카톨릭 성당

"1등 해당 작품 없음"이라고 했던 심사위원이
설계를 하다니

2차 세계대전이 끝나고 나서 본격적으로 실시한 첫 공개 콤페는 '히로시마 평화기념 카톨릭 성당'의 설계경기였다. 1948년의 일이다. 패전 후 사회 정세가 도저히 본격적인 건축을 할 상황이 아니어서 콤페라고 해봐야 건축전문지 《신건축》이 주최한 주택 콤페 정도, 게다가 실현도 되지 않을 아이디어 콤페였다. 당시 건축가들은 추측컨대 화산으로 치면 용암이 부글부글 터지기 직전이었을 것이다. 패전 후 처음으로 실시하는 콤페에 177개의 응모안이 들어왔다.

이 콤페가 건축계에서 주목을 받았다고나 할까, 유명해진 것은 패전 후 첫 콤페라고 하는 것 이외에 심사 결과가 "1등 해당작 없음"이기 때문이었다. 그리고 후일담으로 심사위원이었던 무라

무라노 토고가 설계한
히로시마 평화기념 카톨릭
성당 출처: 위키미디어 커먼스

노 토고(村野藤吾)가 콤페를 주최했던 카톨릭 교회로부터 설계를 의뢰
받아서 그 성당 건축을 설계했다는 '복잡한 사정'이 있는 콤페였다.
현재 히로시마에 있는 '평화기념 카톨릭 성당'은 무라노 토고가 설
계한 것이다.

　그러니까 이 콤페는 심사위원이 자기가 설계를 하고 싶어서
일부러 1등 당선작을 내지 않았다는 셈이 되어 건축계에서 '의혹'
으로 남고 말았다. 오미 사카에는 "알 수 없는 것이, 심사위원 중 한
사람이었던 무라노 토고가 카톨릭 교회로부터 단독으로 지명 의뢰
를 받아 건물을 지은 것이다"라고 책에 쓰고 있다. 하지만 오미 사

카에가 말하는 '알 수 없는 것'이란 완곡한 표현일 것이다. 본심은 뭔가 공표할 수 없는 계책이나 밀약 아니면 비밀교섭이 있었던 것이 아닐까 한 것이고 그것을 나는 '의혹'이라고 하고 싶다. 사실 상세한 것은 전혀 알 수 없어서 일본의 건축가 중에는 이 '히로시마'의 콤페는 '의혹 투성이'라는 인상을 가지고 있는 사람이 적잖이 많다.

물론 의혹 따위가 불상사는 아니다. 어찌어찌 하다 보니 그렇게 되었다는 사람도 있다. 건축역사학자인 규슈대학 명예교수 후쿠다 세이켄(福田晴虔)이 대표적인 사람으로 그는 "심사의 결과는 1등 당선작 없음으로 결정. 심사위원회가 책무를 다 떠맡는 모양으로 심사위원 중 한 사람인 무라노에게 설계를 위탁했다"[《현대일본건축가전집1》, 산이치서방(三一書房), 1971]고 했다.

책임이라면 책임일지는 모르겠지만 콤페에서 1등 당선안을 뽑아놓지 않고 '책임을 내가 질거고 그래서 내가 설계를 하겠다'고 나서는 것은 말도 안 되는 것이라고 생각한다. 우리가 설계를 하고 싶어서 응모안을 모조리 탈락시킨 것은 아니라고 그렇게 주장하고 싶을 것이다. 이런 것은 경과나 내용이 공표되는 것이 아니므로 정확한 사실을 알 수 없는 채로 억측만 퍼져나가는 것이다. 어쩔 수 없다. 나도 '1등 당선안을 선정하지 않았다'는 결과와 심사위원이었던 무라노 토고가 실제로 설계를 한 것은 따로 떼 놓고 봐야 한다고 생각한다. 단순히 무라노가 '오얏나무 아래에서 갓끈을 고쳐 맨 것뿐'이라고 추측하고 있었다.

그런데 최근 발간된 《건축설계를 위한 프로그램 사전》(일본건축학회편, 가지마출판회, 2020)에 따르면 "고사하는 무라노에게 실시설계를 맡겼다"고 쓰여 있다. 그건 지금까지 알려진 것이다. 그 다음이 신경 쓰이는 문장이다.

　라살(Hugo Makibi Enomiya Lassalle) 신부의 증언에는 "설계안 모집을 위하여 모범 설계안 하나를 만들었습니다. 그 안을 만든 사람이 무라노 선생님입니다. 응모한 설계안 중에서는 당선안이 없었으므로 결국 이 일을 누구에게 맡겨야 한단 말인가 하는 지경이 되어버렸습니다. 하는 수 없이 무라노 선생님에게 요청했습니다"라는 내용이 있다. 이 말로 보면 지침 작성 과정에서부터 무라노에 대한 신뢰의 싹이 움트고 있었던 것으로 추측할 수 있다고 기술하고 있다.

　이건 아니지 않나. 응모지침을 만들 때, 면적과 조건이 현실적으로 가능한가 어떤가를 확인하기 위하여 실제로 안을 만들어보는 것은 흔히 있는 일이다. 그때 만든 무라노의 안이 교회 측에서 맘에 들었던 모양인지 '무라노에 대한 신뢰가 싹트고 있었다'고 한가롭게 말하고 있지만 이것은 중대한 일이다. 사실이라면 이건 좀 그렇다. 왜냐면 먼저 무라노의 안을 보고나서 그것을 맘에 두고, 그리고 심사를 한다는 것은 선입견을 가진 채 심사를 하는 셈이 된다. 자기도 모르는 사이에 비교를 하는 것은 인지상정이다. 그러니 무라노의 안과 비교를 안할래야 안할 수 없게 되어 '1등안을 선정하지 않았다'고 생각을 할 수밖에 없다.

　'전후 첫 공개 콤페'에서 콤페에 대한 규칙이 만들어져 있을 리가 없다. 또 심사를 한 이마이 켄지(今井兼次)나 무라노 토고가 흑심을 품고 있었다고 할지라도 역시 속 시원한 결과가 나오지 않은 것은 응모자 입장에서 보면 속 터지는 일이었을 것이다. 콤페는 낙선자의 기분을 생각하면 정말이지 섬세한 배려가 있어야 하는 것이다.

콤페로 하게 된 경위는

애초 이 기념 성당의 설계를 어찌하다가 콤페로 하게 되었나?

히로시마 국제대학의 리밍(李明)이 일본건축학회에서 발표한 것에 따르면, 아사히 신문사 히로시마 지국의 어느 기자가 성당 건설 계획의 총책임자인 후고 라살이라는 신부에게 콤페를 권했던 모양이다. 리밍은, 그 기자는 '히로시마의 건축가와 친교'가 있었고, '건축에 깊은 이해를 보여주고 있었다'고 한다. 그래서 공개 콤페 얘기가 수면 위로 떠올랐다. 지금 나로서는 알아낼 수가 없는 이 기자와 친교가 있는 건축가란 누구란 말인가? 자기가 이 일을 받아 내려고 하지 않고 공개 콤페로 할 것을 제안하다니. 이 시절 '콤페로 한다'고 할지라도 작은 실마리라도 있어야 하는 데 아무것도 없었지 않았나. 그런 시절에 콤페라는 것을 입에 담다니.

패전 후라 아직 콤페가 쉽게 이루어지는 때가 아니기도 하고, 건축 설계 일 얘기가 되면 그것을 자기가 하려고 하는 것이 대다수 건축가의 본성이지 않은가. 그런데 이 '히로시마의 건축가'는 아무런 이득도 없는데 '자기가 하기보다는 콤페로 하는 편이 더 낫다'고 하는 건축가였던 것이다. 그의 뜻을 아사히 신문사의 기자가 라살 신부에게 진언했다는 것이다.

리밍에 따르면, 라살 신부는 어찌해야 할지 몰라서 "와세다대학 교수이자 건축가인 이마이 켄지 교수에게 가서 콤페 방법, 내용 등에 대하여 상담을 한 후 콤페로 하기로 결정했다"고 한다. 그럼 왜 이마이 켄지 교수란 말인가. 카톨릭에 깊이 관여하고 있었기 때문일 것이다.

와세다대학 카톨릭 연구회 회장을 역임하고 게다가 한 해 앞에 경건한 크리스천이었던 아내 마리아 시즈코 부인을 떠나보내고 나서 이마이도 세례를 받았다. 그런 관계로 조치(上智)대학과 관계를 맺고 있었다. 라살 신부는 조치대학에 소속되어 있었다. 그런 관계로 이 콤페의 기획과 지도적 역할을, 고문이라는 직책을 주고 이마이에게 맡겼다는 것이다.

이마이가 추천한 건축 쪽의 심사위원은 다음 네 명이었다.

이마이 켄지, 호리구치 스테미(堀口捨己), 무라노 토고, 요시다 테츠로(吉田鉄郎).

그리고 교회 측에서 네 명. 그 중에는 예수회 건축가가 한 명 있었다. 나머지는 라살 신부를 포함한 교회 관계자들이다. 실은 이 심사위원의 '인원 배분'이 문제였던 것이다. '왜 콤페로 하는가?' '콤페로 하는 목적은 무엇인가?'라는 콤페의 근본적인 문제와 매우 관련이 있기 때문이다. 응모지침에는 설계의 취지가 다음과 같이 쓰여 있다.

"일본적인 성격을 존중하고 가장 건전한 의미에서 모던스타일"과 거기에다 "종교적 인상", "기념 건축으로서 존엄성"을 조화롭게 할 것, 그리고 "일본 및 해외의 순수한 고전적 양식을 피할 것".

이건 어렵다. 건축양식을 정해주지 않는 것은 형태를 정해주지 않은 것과 같아서 말로 표현해두었다고 해도 무리였던 모양이다.

내가 맘대로 '해석'해 보면,

모던 스타일?—————'심플하게 하는 것'일까?

종교적 인상?————'오락성과 향락적이지 않은 것'일까?

기념 건축?————'인상에 남는 강력한 형태'인가?

존엄성?————'위엄 넘치는 풍모'인가?

건축을 말로 나타내는 것은 어렵다. 건축계는 의원건축의 콤페를 경험하고 나서 넌더리가 났을 것이다. 그러니 평화기념 성당에서도 실제로 제출된 안은 이렇다 할 결정타를 때리는 것이 없어서 당선안을 찾기 힘들었을 것이다. 하지만 여기에서 1등 당선안이 나오지 않은 것은 다른 이유가 있는 모양이었다. 그 얘기를 하기 전에 말썽거리 하나를 먼저 꺼내야겠다.

도쿄대학 교수로 단게 켄조의 후원자라는, 콤페에서 한결 같이 단게를 미는 것으로 유명한 기시다 히데토가 "1등 해당 작품 없음"이라는 결과에 대하여 매우 강하게 비난을 했다. '단게 켄조의 후원자'란 말은 눈살이 찌푸려지는 표현이다. 《단게 켄조를 말하다》(마키 후미히코·가미야 코지 지음, 가지마출판회, 2013)에서 그 즈음의 사정을 잘 알고 있는 건축역사학자이자 건축가인 후지모리 테루노부(藤森照信)가 하는 말인데, 이 말을 그대로 믿으면, 이 콤페에서 단게가 2등이라는 점이 그의 화를 북돋았을 것이다. 그건 납득이 된다.

옆길로 잠시 빠지지만, 이때 2등 안이 두 개 있었고, 그 중 하나가 단게 켄조의 안이었다. 그런데 단게의 안은 실은 몇 년 전에 브라질 남동부에 건설된 오스카르 니에메예르(Oscar Niemeyer)가 설계한 성 프란시스코 예배당의 모습과 꼭 닮았다. 성 프란시스코 예배당은 당시의 일반적인 교회당 건축과는 매우 다른 모습이어서 평판이 매우 나빴고 외관을 두고 '악마의 방공호'라고 비판을 받았다.

2등으로 선정된 단게 켄조의 안 투시도

오스카르 니에메예르가 설계한 성 프란시스코 예배당 출처: 위키미디어 커먼스

다들 이 모습을 싫어했으므로 교회 쪽은 이런 외관은 안되겠다고 강하게 반대를 했다.

3등안도 두 개였다. 마에카와 쿠니오와 함께 약관 20세의 기쿠타케 키요노리(菊竹淸訓)가 입선을 했다. 어쨌든 '단게 켄조의 후원자'로서는 2등까지 선정해두고서는 1등이 없다는 것은 견딜 수 없었을 것이다. 기시다를 '(일본 건축학회의 회장으로서) 건축계의 흑막'[히라마츠 츠요시(平松剛),《이소자키 아라타(磯崎新)의 '도청'》, 분게이슌쥬(文藝春秋), 2008]이라고도 하는 모양인데 건축계를 휘어잡고 있던 존재였다. 그런데 이 콤페의 심사위원회에는 들지 못했다. 이마이 켄지가 그를 천거하지 않았던 것이다. 그는 일본 건축학회의《건축잡지》(1987년 7월호)에 "1등 필선"이라는 제목으로 강렬한 비판 논문을 발표했다. "1등은 절대적인 가치 인정이 아니라 상대적인 비교판단이어야 한다"고 주장하고 다음과 같이 말한다.

> 왜 1등을 선정하지 않았단 말인가. 그 이유와 상세한 경위를 동 심사위원단이 말해주면 좋겠다. 하지만 규정에 "심사의 결과에 대하여는 설명을 요구하거나 혹은 이의를 제기할 수 없다"고 하니 헛된 일일 것이다. 이러한 문제가 제기되고 나니 애초부터 말이 나온 '심사공개'가 필요하다는 것을 통감한다. 공개가 되었더라면 식견이 없고 권위가 없는 심사는 이루어지지 않았을 것이다.

기시다 히데토가 말하는 '심사공개'가 뭘 말하는 것인지는 모르겠지만 심사 과정의 개요와 경위 기록을 발표하라는 것일까. 만약 그걸 가리킨다면 이 히로시마 평화기념 성당 콤페 직후에 센다이시 공회당 콤페가 있었는데 그는 심사위원을 맡았고 '심사경과 개요'를 발표했다. 그 '경과'에는 다음과 같은 것이 쓰여 있다.

> 이 중에서 어떤 것을 1등으로 할까. 네 명의 심사위원이 각자 1점씩 투표해 보았다. 결과는 네 명 제각각으로, 신중하게 검토에 검토를 한 결과, 내(기시다)가 주장한 안에 키무라(木村) 심사위원도 동의했지만, 엔도(遠藤) 심사위원은 다른 안을 열심히 강변하면서 1등으로 해야 한다고 주장하고, 나는 나대로 내 주장을 거두려고 하지 않고, 논의는 끝이 보이지 않은 채로 4시간 이나 진땀을 빼면서 보내…

어이가 없어서 이 다음은 생략하는데, 이 콤페에 응모한 사람들에게 이 글을 보여줘도 "수고들 하셨네요"라는 말밖에 달리 할 말이 없다. 누구누구가 그 안을 어떤 이유로 선정했다거나 또 이러저러한 이유로 탈락시켰다는 것이 상세하게 기술되지 않고서는 의미가 없다. '경기'이니 누가 누구보다 한 표 더 많이 받았지? 하는 투의 호기심이 없지는 않다. 하지만 기시다 히데토가 말하는 것처럼 '식견이 없고 권위가 없는' 심사를 하지 않기 위해서는 왜, 어떤 이유로 라는 것이 명확하게 표현되어 있지 않으면 무의미하다. 그저 '상황' 보고를 한다는 것만으로는 각 안의 포인트를 비교하는 내용이 아니어서 무의미하다. 그러니 히로시마 평화기념 카톨릭 성당의 콤페에서 '심사 공개' 하지 않는다고 "식견이 없고 권위 없는 심사"였다고 할 수는 없는 것은 아니지 않은가.

더구나 공식적인 경과 보고가 일절 없어서, 상세한 것을 알 수 없는 것으로 유명한 국립극장의 심사위원회에도 실은 기시다가 이름을 올리고 있는데, 이건 어찌된 일인가? 자기 입으로 말한 것을 자기가 실천하지 않으면 안 되지 않나. 애당초 '1등 필선'이란 무엇인가? 누가 언제 정한 '규칙'인가?

오미 사카에의 《건축설계경기》에 따르면 "건축설계경기에서는 기본적으로 상대 평가가 원칙으로 되어 있지만, 1908년 타이완 총독부 청사의 경기에서는 감상 없이 을상으로 선정된 나가노 우헤이지가 항의문을 발표하고 물의를 일으킨 이후, 1등 필선이 설계경기의 원칙으로서 항상 과제가 되고 있다"고 쓰고 있다.

'1등 필선'은 원칙론이다.

콤페가 많은 응모안에서 반드시 1등을 골라내어야 한다는 것이 '1등 필선'이라고 한다면 콤페 그 자체가 뛰어난 건축을 만들기 위해서 '바른' 수단이라고 할 수 있을까. 의문이다. 암튼 이 콤페에서는 예정되어 있던 상금은 3등과 가작을 늘려서 남김없이 배분했다.

참고로 히로시마 평화기념 카톨릭 성당의 콤페에서는 '심사위원 강평'으로 위원장 이마이 켄지가 다음과 같이 '총평'을 쓰고 있다. 발췌이지만 게재해 둔다.

응모작품 중, 모던이라는 요소에 매우 강하게 영향을 받은 것이 가장 많았다. 기능에 살을 붙이는 것이 되는 일본적인 성격과 기념성의 표현을 의도한 것이 매우 적었던 것은 아쉬웠다. 특히 기념적 성격의 구현에 초자연적인 것으로 헌신하는 데에 한층 풍요로운 요소가 덜 보였다. 빅터 엥겔하르트(Victor Engelhardt)도 성당 건축에 관하여 "역사적인 양식의 계승만 주장하는 것도 아니고 또 세상 사람들을 깜짝 놀라게 하는 주관적이고 혁신적인 실험을 시도하는 것은 카톨릭 성당이 희구하는 것이 아니다. 주관적이며 혁신적인 실험을 버리고 연속적 유기적인 발전에 대한 고려가 언급되고 있는 것이다"라고 기술하고 있는데, 이것으로 성당 건축에 관한 최근의 경향을 알 수 있을 것이라고 생각한다.

얘기를 되돌리면, 기시다 히데토가 《건축잡지》에 "1등 필선"이라는 비판문을 쓴 다음 호에(기시다 히데토의 글에 대한 대답인지는 명확하지 않지만) 네 명의 건축가 심사위원의 "심사 소감"을 실었다. 그 중 호리구치 스테미는 "내부자들 얘기"로 다음과 같이 설명하고 있다.

> 1등안을 선정하지 않았던 것은, 종교가들의 선호가 우리들과 너무
> 달랐기 때문이다. 다른 경우처럼 투표라도 해서 경과를 내려고
> 했더라면 결과가 나오기는 했겠지만, 그것이 건축가로서 납득이 가지
> 않는 마무리가 되는 결과가 될 것 같아서 그러지 못했다. 우리들은
> 우리들이 가장 뛰어나다고 생각하는 것이 1등이 되지 않는다면, 적어도
> 그런 정도로 위에 오를 수 있는 것이 없다는 것을 바라면서 물러선
> 것이다.

사실 수십 차례 논의와 표결을 했다고 한다. 진정으로 좋은 건축을 찾는다, 진정으로 타협하지 않고 좋다고 믿는 건축을 선발한다는 건축 작가로서 진심이 전해온다. 절차론이 아니라 심정(진심)론이다. 이것이 기시다 히데토에게 전해진 것일까. 기시다로 하여금 "합의로 1등을 결정하지도 못하고, 결단을 내리는 심사위원장도 없

고, 우물쭈물 소심한 타협을 하고서는 '1등 가치를 지닌 것 없음'으로 해 버리는 것은 응모자의 자존심을 산산조각 내는 것이며 심사위원의 무권위와 무식견에 답답할 뿐이다"고 까지 말하게 하고 말았다.

"결단을 내리는 것을 실행하지 않았던 겁쟁이 심사위원장" 이마이 켄지가 권위의 힘으로 용서 없이 퍼붓는 기시다의 화난 목소리를 견디어낸 것은 유일하게 믿고 있는 건축에 대한 작가로서의 혼이 있었기 때문이었을 것이다.

하나 걸리는 것이 있다.

건축가 심사위원과 교회 관계자의 심사위원의 배분 말인데, 같은 숫자이거나 혹은 교회 관계자가 더 많았다면 건축가 심사위원은 뭐란 말인가. 뭐 하러 불렀단 말인가. 이게 문제가 된다. 콤페는 뭐하러 하는가. 이게 문제란 말이다.

기시다가 "상세한 경위를 듣고 싶었지만 규정에 질문을 할 수 없다고 하니 어쩌지도 못했다"라고 하는데 내 눈을 의심했다. 그렇게나 험담을 쏟아야 하는 것일까. 이 "결과에 대한 질문은 안 돼"라는 규정은 늘 있다. 통상, 응모자가 그 결과에 딴지를 거는 것을 피하기 위한 것이지 제3자(응모하지 않았던 일반 건축가)가 건축론으로 논쟁하는 것까지 금지한 것은 아니지 않은가. 우선 주최자에게 그런 자격도 권리도 없을 터이다. 어디까지나 응모자에 대한 규정일 뿐이다. 그러니 당당하게 건축론, 콤페론(비난하는 것이 아니라)을 전개하면 된다. 큰 콤페에서는 결과에 대한 논쟁은 흔한 일이다. 결과론이지만 그때 '1등안 필선'이라고 해서 절차를 우선하여 2등이 된 안으로 건축이 되어 있다면 하고 생각해본다. 히로시마 성당 앞에 서서 역사의

'만약에'를 생각해 보는 것도 흥미 있는 일이다.

사족일지도 모르겠지만, 써 두고 싶은 것이 있다. 무라노 토고는 설계 의뢰를 받고 두 번씩이나 스톡홀름을 방문한다. 두 번째 스톡홀름 방문 때 헤가리트 교회(Högalid Church)를 찾아갔다. 그때의 일을 이마이 켄지에게 보낸 편지에 이렇게 쓰고 있다.

> 그 문을 힘껏 누르고 안으로 들어가자 그야말로 경건한 신자가 된 듯
> 다리가 풀려 무릎을 나도 모르게 딱딱한 돌바닥에 찧고 말았습니다.
> 긴 의자를 손으로 지탱하면서 그 위에 이마를 대자 나도 모르게 기도의
> 말이 내 입에서 새어나오는 것을 느꼈습니다. '모쪼록 제게도 이 교회의
> 작자와 같은 재능을 주시옵소서. 모쪼록 나의 노력이 죽을 때까지
> 마르지 않고 계속되기를 인도해 주소서'라고 기도했습니다. 기도다운
> 기도가 자연스레 그것도 무의식으로 내 입을 터져 나온 것은 태어나
> 처음 있는 일입니다.(중략)
> 그날 밤, 나는 이 감격을 일기에 쓰고 있는데 눈물이 … 나는 이 나이가
> 되어 이런 것을 당신에게 써서 보내는 것은 정말이지 부끄럽습니다 …
> 뺨을 타고 흐르는 것을 어쩌지도 못할 지경입니다.
> 지금까지 부끄러워서 아무에게도 말하지 못했던 스톡홀름에서의
> 감격의 일단을 결국 말하고 말았습니다.(후략)
> ―추도 문집《무라노 선생님과 나》(무라노, 모리건축사무소, 1986)에서

마지막으로 이 콤페를 따라가 보면, 무라노 토고는 자기가 설계를 한 것과 '1등 해당 작품 없음'이라고 한 것과는 무라노의 맘속에서는 관계가 없는 것이라고 생각하는 것이 자연스럽다. 하지만

콤페의 흐름, 콤페의 규칙, 콤페의 절차에 문제가 없었다고 말 할
생각은 없다.

시대 조류 조류의 경계

쇼난다이 문화센터

쇼난다이(湘南台) 문화센터의 콤페에 참가한 작품 모두를 공개하는 전시회가 개최되었다. 전시회장에 들어가서 가장 먼저 든 생각은 '시대가 바뀌었다'였다. 콤페에 응모한 작품 모두를 전시하는 일은 그리 흔한 일이 아니다. 주최자에게 그닥 도움이 되지 않기 때문이다.

오래 전 의원건축(국회의사당) 콤페에서 입선작 20개를 공개 전시했더니 비난하는 건축가가 적잖이 나왔고, 심지어 '의장 변경의 청원서'를 제출하는 자까지 나오는 지경. 관람자의 식견이 어느 정도 있지 않고서는 안 되는 것이고, 또 주최자로서는 번거로운 일을 떠안게 될 수도 있는 일이다. 하지만 건축가로서는 정말이지 고마운 일이다. 대단히 참고가 되기 때문이다.

도쿄 신청사는 9개 팀의 지명 콤페였는데, 공개전시회장에 들어서는 순간 "바로 이거다!"라는 느낌이 오는 박력 있는 모형이 있었다. '승자란 이런 것이구나' 납득한 이가 나쁜은 아닐 것이다. 그 정도로 단게 켄조의 1등안은 이채를 띠고 있었다. 고작 모형이었을

하세가와 이츠코(長谷川逸子), 쇼난다이 문화센터 출처: 위키미디어 커먼스

뿐이지만 후광을 느낄 정도였다. 낙선작이 그저 심사위원의 눈에만 뜨였다가 사라지는 것은 안타까운 얘기다. 응모작에는 어떤 식으로든 그 시대가 드러나 있기 때문이다.

쇼난다이 문화센터의 콤페, 무엇이 '시대가 변했다'고 느끼게 했나?

이것은 후지사와시(藤沢市)의 쇼난다이라는, 도쿄 근교이지만 사철(私鉄) 연선의 역에서 조금 떨어진 곳에 계획된 문화센터로 후지사와시의 역점사업인 문화사업 중 하나이다. 이 콤페를 프로듀스한 신건축사는 애초부터 혈기왕성한 이른바 '아틀리에 설계사무실(순수한 개인 건축설계사무실)'의 젊은 건축가를 끌어들이려고 했다. 암암리에 '건설업 설계부'를 배제하려고 한 것을 보더라도 알 수 있었다.

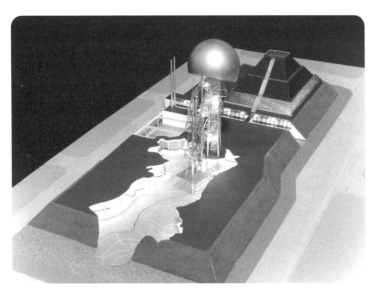

요시다 켄스케(吉田研介)의 가작안 사진: 미사와 히로아키

오미 사카에가 말하듯이 "아틀리에 파, 목가적 건축가"들이 나서서 응모했다고 한다. 하지만 그럼에도 노숙한 건축가, 숙련세대의 건축가도 많이 참가하였다. 그 베테랑 건축가들의 작품과 젊은 작가의 작품은 완전히 달랐다. 말로 표현하기에는 조금 어려우나, 베테랑은 딱딱하다고나 할까, 시청사 등은 고정된 빌딩 타입에다가 새로움을 보여주려고 변형을 하기도 했지만 '이건 아닌데' 하는 생각이 들게 하는 작품들이었다.

　젊은 아틀리에 파의 안에는 이것이 압도적으로 많았는데, 유원지라든가 박람회 회장과 같은 분위기로 화려하고 가벼운 느낌의 시설이었다. 이것은 이 시설 안에 플라네타리움이 있는데 이것이 전체 외형에 크게 작용해 박람회장처럼 되어 버리게 한 것도 한몫

했다. 그뿐 아니라 건축 전체에서 공공건축이라면 견실한 스타일이라는 고정 개념을 불식한 새로운 건축이 많이 있었다. 심사위원 강평에서는 "액티비티와 어메니티를 함께 구현하려고 한 작품이 많았다"고 하면서 "기념비성이 적은 안은 매력이 없었고", "기념비성이라고 해도 권위주의적이거나 종교적인 것이 아니라 현대 시민 사회센터로서 갖추어야 할 것에 점수를 받았다"고 쓰여 있다. 하지만 이 결과는 베테랑들의 빈축을 산 모양이었다.

뭐니뭐니 해도 심사위원이 이소자키 아라타(磯崎新)였으니, 젊은 건축가들이 모여들었다. 세이케 키요시(淸家淸), 마키 후미히코 등도 있었으니 심사위원으로서는 부족함이 없었지만, 특히 이소자키는 예외였다. 그는 이 콤페 전에 '홍콩 피크(홍콩의 빅토리아 피크에 계획된 복합시설 '더 피크'의 콤페)'의 심사위원을 맡아 전세계를 놀라게 한 결과를 연출한 직후였다. 무명의 자하 하디드(Zaha Hadid)를 일약 세계적 건축가로 부각시킨 '사건'이었다. 젊은 건축가들이 몰려들지 않을 이유가 없었다. 이 시기 이소자키 아라타는 콤페 심사위원이 되는 것을 설계를 하는 것과 동등한 건축표현 수단으로 생각하고 있었던 것은 아니었을까. 홍콩 피크와 라빌레트 공원에서처럼. 제2국립극장에서 다른 심사위원이 반대하는 것도 굽히지 않고 콘셉트가 강한 외국작품을 밀어 붙인 것, 그후로도 사카모토 료마(坂本龍馬) 기념관, 요코하마 대잔교의 콤페에서도 건축계에 충격을 주었다.

이 시대는 유달리 콤페에 크게 기대를 걸었다. 콤페라는 것에 꿈을 걸고 열심히 하던 시기였다. 하룻밤 사이에 무명의 건축가가 신데렐라가 될 수 있었다고 해도 과장된 말은 아니었다. 이 콤페에서 1등으로 당선된 하세가와 이츠코는 무명은 아니었다. 그러나 주

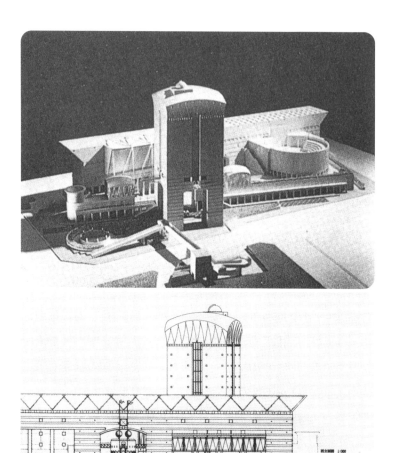

최우수상 이외의 입선안 가운데 하나인
다카마츠 신(高松伸)의 안

로 '주택작가'로서 활약하였지 이 정도로 큰 건축은 처음이 아니었을까. 《도시주택》의 편집장 우에다 미노루(上田稔)가 일찍이 알아보고 작품을 자주 실었다. 하세가와는 콤페에 응모한 적이 없었다. 첫 응모였다. 복사기로 복사한 설계안을 그대로 제출했다.

당시 응모작품의 프레젠테이션과 인쇄 마감에는 돈을 많이 들이는 것이 유행이었다. 예산이 많은 대형 설계사무소나 종합건설업의 설계부는 아낌없이 돈을 써서 눈에 들도록 만들었다. 자금력이 적은 작은 사무소들은 돈으로 작품을 만드는 것을 경원하기도 했지만 '좋은 작품'으로 보이도록 하기 위해서는 그럴 수밖에 없다고 생각하기도 했다. 그런데 이 콤페는 제대로 건축형태로 제안하기만 하면 평가를 받을 수 있다는 것을 보여준 것이었다. 젊은 건축가들에게 용기를 부여한 콤페였다.

공모지침 위반과 심사위원의 책임

센다이시 공회당

공모지침 위반에 눈감은 심사위원

히로시마 세계 평화기념 카톨릭 성당 콤페의 열기가 사그라들 무렵 또 '사건'이 터졌다. 이번 사건으로 기시다 히데토가 궁지에 몰리게 된다.

히로시마 세계 평화기념 카톨릭 성당 콤페는 처참했다. 이마이 켄지와 무라노 토고, 호리구치 스테미 등의 심사위원이 1등 당선안을 내지 않고 "해당작 없음"이라고 하자 기시다가 "1등 필선"을 기치로 "무식견에다 권위도 없는 심사"라고 비난하고 "결단을 내리는 심사위원도 없고 우물쭈물하는 사이에 강단 없는 타협이 성립"했다고 악담을 퍼부었으니 심사위원장인 이마이 켄지는 난처해진 것이다. 그런데 몇 개월 후 '센다이시 공회당'의 콤페가 있었다. 이번에는 심사위원이 기시다였는데 그 심사위원회에서 규정을 위반한 작품을 1등 당선작으로 선정하는 일이 일어났다. 1등으로

센다이시 공회당, 1960년대 후반 모습. 센다이미디어테크(せんだいメディアテーク) 제공

당선된 다케 모토오(武基雄), 오바야시쿠미(大林組)의 공동안이 공모 지침의 조건을 어긴 것이었다. 그러자 응모자들이 맹렬히 항의했다.

'2,000명을 수용하는 홀'이라는 조건을 지키지 않았다. 그리고 '제도 용지에 먹으로 그릴 것'이라는 규정도 따르지 않았다. 그런데도 규정을 위반한 작품을 1등으로 했으니 규정을 지킨 응모자들이 가만히 있지 않았다.

콤페 조건은 건축 총 면적이 2,500m², 목조건축으로 할 것, 2,000명을 수용할 수 있는 대집회실을 넣을 것이었다. 조금 무리한 조건이지만 그렇게 나왔으니 해결할 수밖에 없다. 1등을 한 다케 모토오는 이렇게 풀었다.

센다이시 공회당 홀 입구, 1960년대 후반 모습. 센다이미디어테크(せんだい メディアテーク) 제공

객석을 약 1,500석(좌석인원 1,321석, 보조석 170석)으로 하고 입석을 500 명으로 보면 합계 2,000명 정도 수용할 수 있다.

심사위원 기시다는 심사 강평에서 이렇게 쓰고 있다.

공모 규정에 나타난 요건을 보면 이게 과연 깊이 있게 검토한 것일까. 심사위원들은 만원일 때 입석도 포함해서 2,000명 정도 수용할 수 있으면 된다고 해석한 것이다.

"약 2,000명 수용할 수 있는 대집회실"이라고 한 것은 좌석을 2,000석 이상 만들어야 한다고 쓰여 있는 것은 아니므로 서서 관람하는 것도 "수용하는 것"으로 해석해도 규정 위반은 아닐지 모르겠다. 하지만 이 해석은 상식적이지 않다. 건축에서 '2,000명 수용할 수 있다'고 하면 좌석 수를 가리키는 것이 상식이다. 그러니 규정을 지키면서 응모를 했는데(이유야 어떻든) 떨어졌다면 기시다의 "공모 규정에 나타난 요건을 보면 이게 과연 깊이 있게 검토한 것일까"는 아니지 않은가. 심사위원이 할 말인가. 반발하는 것은 당연하다. 이게 응모자의 심리이다.

하지만 기시다는 또 이렇게 쓰고 있다.

> 본 응모 규정은 솔직하게 말하면 그닥 적당한 것은 아니었다. 그 책임은 심사위원으로서 내게도 책임이 있는 것은 당연하다. 공모 규정이 완성되고 심사위원을 맡아 달라는 의뢰를 받고 나서 우물쭈물하는 사이에 허락하였지만 내가 제대로 살피지 못한 점을 양해해 달라.

《건축잡지》에 토로했다.

"이런 망발이 있나!" 거세게 항의를 하지 않는 쪽이 이상하다. "식견도 없이 권위적인 감투를 쓰고 결정했다"고 밖에는 달리 할 말이 없다. 콤페 응모자를 우습게 보지 않고서는 이런 말을 할 수 없다. 응모자를 깔보는 자세에 "대체 뭐하는 사람이야!" 소리 지르고 싶은 심정을 잘 알 수 있다.

콤페 심사위원이 되어 달라는 의뢰를 받고 나서, 그 콤페의 공모 지침과 내용을 검토하고 납득을 한 다음에 수락을 하는 사람이나 먼저 수락을 하고 나서 지침이 발표되기 전에 그 내용의 수정을 요구한다거나 주문을 하는 사람이 거의 없는 것이 현실이다. 콤페의 응모자는 응모에 엄청난 에너지를 쏟는다. 금전적으로도 정신적으로도 육체적으로도. 이건 경험해 보지 않으면 모르는 일이다. 이때도 응모자는 60명이었다. 대규모 실시 콤페로서는 적은 편인데, 얼마나 많은 사람이 공모지침의 조건을 해결할 수 없어서 도중에 포기했을까.

말할 수 없는 엄청난 에너지가 소비되는 것이 건축 콤페다. 기시다처럼 "우물쭈물하다가 말고 말았다"는 그런 심사위원에게 심사를 받고 싶지 않은 것은 모든 응모자의 심정일 것이다. 백보 양보를 해서 응모 규정과 요구 내용에 이해하기 어려운 것이 있다고 하면 '질의응답' 기간이 보장되어 있으니 거기서 정정을 하면 된다. 심사하는 날 심사회장에 아무 생각 없이 들어가기만 하면 된다고 하면 달리 할 말이 없다. 근데 기시다는 패전 후 한때 단골 심사위원이었다. 언제나 그런 생각으로 심사를 하고 있었다니 응모자뿐 아니라 건축계의 비극이지 않았나 싶다.

1등으로 선정된 다케 모토오의 설계 안에 '규정 위반'이 하나 더 있었다. 이건 도저히 무시할 수 없는 명확한 규정 위반이다. 지침에는 "제도 용지에 먹으로 그릴 것"이라고 지정되어 있었는데 다케와 오바야시쿠미가 제출한 도면은 '사진'이었다. 지금으로 치면 도면을 복사기로 프린트해서 제출했을 것이다. 이런 안을 1등 당선작으로 선정한 것이다. 근데 기시다는 '강평'에서 이렇게 쓰고 있다.

다케 군이 제출한 도면은 모두 사진이므로 엄격하게 보면
규정위반일지도 모르겠다. 그렇다고 해도 주장하고 있는 수많은

진보성은 다음에 있을 건축설계경기에 많은, 그리고 뛰어난 시사점을 줄 수 있는 것이어서 심사위원들은 이참에 그가 주장하는 것을 받아들이기로 했다. 도면의 마감 따위에 그닥 개의치 않았던 것도 그 때문이다.

그럼 다케는 뭘 주장했던가.

사진으로 제출한 것에 대하여, 지금처럼 '먹으로 그릴 것'(잉킹)이라는 고집스러운 요구는 거두어야 한다는 생각에서다. 사진으로 하면 실제 설계 도면인 트레이싱 페이퍼를 그대로 구울 수 있다. 또 축소, 확대도 쉽게 할 수 있고 도면 상태도 생각대로 할 수 있다. 보관하는 것에서도 이점이라고 한다. 이게 할 말인가. 도긴개긴이다. 어이가 없다. 다른 응모자들은 승복하지 못할 큰 문제다.

옆길로 새지만 도면의 표현으로 문제가 된 것이라면 '국제연맹회관'의 콤페에서 르코르뷔지에가 "먹으로 그린다"는 규정을 위반하고 인쇄소의 잉크로 도면을 그려서 탈락된 유명한 일화가 있다. '먹'으로 하라는 규정인데도 르코르뷔지에가 왜 '인쇄소의 잉크'를 사용한 것인지 알려지지 않았다. 콤페의 도면 표현은 응모자로서는 매우 중요한 것으로 자기만의 표현을 보여준다.

콤페가 자주 실시되었을 시기, 도면 표현에 돈을 많이 들여서 눈에 띄도록 하는 것이 점점 심해지기도 했다. 그저 도면 한 장만을 제출하는 것인데도 잡지의 컬러 페이지처럼 본격적으로 인쇄를 해서 아름답게 마감하려고 했다. 보통 복사기와는 비교도 할 수 없을 정도로 아름답게 보였다. 비용도 인쇄만 하더라도 몇 십 만 엔이나 했다. 그러니 자금력 있는 종합건설업자나 대형 설계사무소의 그런 행태가 문제가 되기도 했다.

기지마 야스후미(木島安史)는 '일본건축학회 회관' 콤페에서 심사위원의 눈에 들게 하려고 했는지 아니면 다른 사람들과 다르게 표현하고 싶어선지 도면을 핑크색으로 인쇄해서 (그것때문은 아니겠지만) 입선하기도 했다.

본시 도면 표현의 기술에 눈이 멀어서 내용의 본질을 보지 못하면 심사를 할 자격이 없다는 의견도 있다. 어떤 점에서는 맞는 말이다. 도면 표현은 어디까지나 수단이지 목적이 아니다. 뛰어난 심사위원이라면 개의치 않는다.

센다이시 공회당에서 기시다 히데토가 다케 모토오가 규정을 무시한 사진 도면을 제출한 것을 인정한 것은 '수단'이니 그닥 문제가 되지 않는다고 말하고 싶었던 것일까. 그게 잘못된 것이다.

콤페 지침을 만든 자가 왜 "먹으로 그린 도면"(잉킹)을 지정한 것인지 짐작만 할 뿐이지만 당시에는 연필로 도면을 그리는 것이 일상이었는데 콤페 도면을 연필로 그려서 제출하면 도면의 농담도 잘 알 수 없고 선이 허물어져서 도면이 더러워질 수도 있다. 그래서 먹으로 그려서 보기에 좋도록 하세요, 하는 것이 목적이 아니었을까.

그런데 경험해본 사람이라면 잘 알고 있는 것인데, 먹으로 그리는 것은 그야말로 손이 많이 간다. 캐드도 없던 시대다. 펜이나 로트링으로 영점 몇 미리 정한 굵기로, 그것도 몇 종류의 굵기로 선을 그리는 것은 연필로 그리는 것에 비하면 시간도 몇 배가 걸린다.

따라서 콤페의 경우, 설계안 만드는 시간을 가급적 줄이고 잉킹에 들어가야 한다. 제출하는 사람으로서는 시간은 작품의 질에 직접 영향을 끼친다. 그러니 표현 수단은 응모자로서는 사활 문제다.

규정 위반인데도 1등 당선작으로 선정한 것에 대하여 《신건축》에서 응모자와 심사위원 사이에 논쟁이 붙었다.

오미 사카에의 《건축설계경기》에 의하면,

먼저 불을 붙인 것은 응모자 중 한 사람인 미야카와 쇼조(宮川省三)의 투서였다. "도면의 마감에는 규정이 있고 이것을 엄수하여야 선정되는 자격이 있다는 것을 당사자들은 알고 있을 것이다"(후략)라고 의문을 던지고는 재심사를 요구한 것이다.

오미 사카에는 이렇게 말한다.

콤페 본래의 의미는, 규정 위반을 묵인하고 평가할 만한 좋은 점이 있는 것이라는 심사결과는 논외이니 … 아이디어 콤페가 아니라 실시설계로 이어지는 것이므로 매우 신중하게 다루어야 할 것이어서 도쿄대학 교수라는 지도적인 입장에 있는 기시다 히데토가 규정위반의 작품을 당선작으로 선정한 것은 응모자로서는 매우 불만으로 남을 결과가 되었다.

규정 위반의 변명을 "작품이 좋으니까"라고 평가하는 것은 논외라는 것이다.

전적으로 동감이다. 나는 그런데 "도쿄대학 교수라는 지도적인 입장"이라는 말이 좀 걸린다. 도쿄대학에서 학생들의 지도적 입장이라고 하면 뭐랄건 아니지만 그것이 아니라 "건축계의 지도적 입장"이라고 하고, 그것을 자인하고 있다면 곤란하다. 그런 자세가 건축 콤페 역사에서, 또 지금 현재도 다른 건축가가 콤페로 이긴 작품을 태연하게 변경해 버리는 악습을 남긴 것은 아닌지.

사족이지만 내가 편집을 함께 한 《건축설계경기선집》(요시다 켄스케 외 편, 메이세이출판, 1995)의 센다이시 공회당 콤페 편에 이 '규정 위반' 사실을 누누이 기술하고 마지막에 이렇게 마무리했다.

근데 콤페에서 '규정 위반'을 시인하는가 아닌가, 이것은 논의의 대상이 아니다. 논의할 가치도 없다고 펄쩍 뛰는 평론가도 있다. 당연하다. 그러니 논의조차 의미가 없다. 적어도 건축가는 아니 적어도 응모자는. 나라면 투서 따위 하지 않는다. 그리고 잠자코 지는 쪽을 택한다. 좋은 안을 위하여.

이것은 콤페를 객관적으로 부감한 것이 아니고 건축가의 프라이드와 고집을 말하려고 한 것이다.

사족이지만 나는 어느 잡지의 인터뷰 일로 다케 모토오의 자택을 방문한 적이 있다. 선생님은 큰 병을 앓아, 오른쪽 반신이 마비되는 후유증이 남아 있었는데, 자택의 계단을 왼쪽 손으로 난간을 움켜쥐고 뒷걸음으로 오르던 모습은 가슴이 아팠다. 와세다대학 학생으로서 학교에서 뵙곤 했지만 자택을 찾아간 것은 다케 선생님의 만년, 이때가 처음이었다.

나오면서 복사해서 가지고 간 《건축설계경기선집》의 '센다이시 공회당' 편을 선생님에게 드렸다.

"센다이시 공회당의 콤페에서 선생님이 손 그림이 아니라 복사한 도면을 제출한 것에 대하여 저의 생각을 써 둔 겁니다."

그때까지 부드러웠던 표정이 일순 변한 것을 느꼈다. "아, 아그거. 그때 그런 일이 있었군. 젊은 혈기 충만 했었지"라는 말씀이라도 하시려는가 했다. 근데 아무 말도 하지 않았다. 투지가 되살아난 것일까. 반세기나 지난 일인데도 아직 '말도 안 되는' 주장을 굽히려고 하지 않는 작가의 근성을 보는 것 같았다. 건축가가 설계 콤페에 임할 때의 근성이다.

내가 쓴 다케 선생님의 글을 읽으시고 어떻게 생각하실지. 지금까지 학생으로서 OB로서 젊었을 때 연하장을 보냈지만 다케 선생님은 연하장을 보내온 적은 없었다. 자택을 방문한 다음 해 왠지 연하장을 보내오셨다. 그 한 통이 마지막이었다. 그해 타계하셨다.

콤페는 여러 모로 상처를 남기는 것이다.

심사위원장이 있는 힘을 다해
애를 쓴 콤페

히로시마 평화기념공원과 기념관

심사위원장은 무엇에 있는 힘을 다해 애를 쓴 것일까

히로시마에서 또 역사에 남을 큰 콤페가 있었다. 히로시마 평화기념공원과 기념관 콤페. 심사위원장은 기시다 히데토. 나중에 조사한 건설성(당시)의 자료에 '위원장은 오리시모 요시노부(折下吉延. 공원녹지협회이사)'로 되어 있다. 어찌되었든 화제가 되는 그의 '활약'을 보면 실질적인 '위원장'이었다고 해도 될 것이다. 화제가 되는 그의 '활약'이란 무엇일까?

단게 켄조를 잘 아는 후지모리 테루노부는 《단게 켄조를 말하다》에 실린 마키 후미히코와 좌담회에서 이런 말을 하고 있다.

"히로시마 평화기념회관 콤페에서는 기시다가 고군분투하면서 애를 써서 단게 켄조가 역전 당선"했다고.

뭘 어떻게 역전했는지는 나중에 자세하게 쓰겠지만 아무튼 심사위원장인 기시다가 그때까지의 흐름을 뒤엎고 단게 켄조를 당선

히로시마 기념공원 자료관 출처 arch-hiroshima.info

시켰다는 것이다.

　이 콤페는 히로시마에 원수폭 금지와 평화가 변치 않고 이어지기를 전세계에 호소하고 이를 위한 시설의 공개설계경기다. 히로시마현에서는 피폭한 그 다음 달에 피폭지점 부근의 광범위한 지역을 기념구역으로 남긴다는 방침을 발표했다. 히로시마시도 1946년에 '국제평화문화 도시'를 지정할 때 평화기념공원 구상을 굳히고 있었다. 발표 직후에 '히로시마시 부흥국 토지이용계획 간담회'가 열리고, 거기에(우연히) 단게 켄조가 부흥원(현 국토교통성)의 촉탁이라는 직책으로 출석을 하고 있었다. 그는 도쿄대학 조교수였다.

　1948년 6월, 히로시마시에서는 나카지마 모토마치(中島本町)의 모토야스강(元安川)과 혼강(本川), 그리고 100미터 너비의 도로에 둘러싸인 일대를 평화기념공원으로 하고, 거기에 평화기념관과 2,000명을 수용할 수 있는 집회실, 종탑 등의 시설을 설치하는 것을 결정하고 공개 콤페를 했다. 이 콤페에서는 "조경적인 요소와 건축적인 요소"가 "주변의 도시계획적 모든 요소와 조화 적응"할 것이 특별하게 요구되었다. 그 때문일까. 심사위원 9명 중 순수하게 건축가라고 할 수 있는 사람은 기시다 히데토를 제외하고는 한 사람도 없었다(기시다가 건축가인가 아닌가는 여기서는 일단 차치하고).

직책을 보면 기껏해야 건축 관련자는 건설성(현 국토교통성)의 건축국장과 시설과장인데 아무리 봐도 풍부한 설계 감리 경험이 있을 것으로 보이지도 않고, 건축가의 작품을 평가하기에 적임인 것 같지 않다. 고개가 갸우뚱해진다. 다음은 심사위원장인 공원녹지협회 이사, 현의 토목부장, 상공회의소 회장, 임학박사, 시의회의장, 거기에다 화가가 1명. 이런 면면이다.

건설성 기록에 남아 있는 자료를 보면 심사의 경과는 이렇게 된 모양이다.

심사는 이틀에 걸쳐 이루어졌다. 첫 날은 '심사위원 3명이 예비 감사를 하고, 약 40점을 심사 대상작으로 선별'하였다(3인의 심사위원이 누군지는 알려지지 않았다). '감사'라는 것은 작품의 좋고 나쁨이 아니라 기본적인 규정을 위반한다거나 건축기준법과 도시계획상의 문제점 등 기본적으로 판단할 수 있는 '실격'을 선별하는 것이다. 하지만 실은 이 콤페의 응모 수(등록 수가 아니고 실제로 제출된 작품)는 140점이라는 기록이 남아 있으니 실격이 너무 많은 느낌이다.

이튿날은 첫 날의 선별에서 탈락한 작품을 재심사하고, 부활한 작품을 포함하여 그것들을 '신중하게 비교 검토하여 합의를 한 16점을 선별했'고 한다. 이때 심사위원 한 명이 와병으로 결석을 해서 심사위원은 8명이 되었다.

그 다음은 심사하는 방법을 정하기로 했다.

기시다 히데토가 "먼저 16점 중에서 각자 최선이라고 생각하는 안을 3점 골라내서 투표하고 득표한 안 중에서 수석을 재투표하여 선정"하자고 제안했다. 이것은 건축의 설계 심사가 얼마나 애매한 것인지를 잘 말해주고 있다. '애매'라는 말이 적절하지 않다면 '확실한 규약이 없다'고 해도 되고 아니면 '객관적인 이유가 없다'고 해도 된다. 암튼 심사 직전에 심사방법을 그 자리에서 결정한다는 '경기'가 건축 이외에 또 있을까.

음악이나 발레, 문학, 회화의 심사는 순수한 예술이므로 아마도 공통적인 '확고한' 심사방법이 정해져 있지 않을 것이다. 심사방법은 심사위원에 따라 여러 가지 있을 것이다. 그러나 건축은 순수 예술이 아니다. 그래서 이 히로시마 평화기념관은 심사위원회가 시설과장, 토목부장, 시의회의장 등으로 구성되어 있는 것이다. 이런 사람들로 채워져 있을 때의 심사는 작품의 어디를 자기의 전문성을 살려 판단하는 것일까.

기시다 히데토의 제안에 따라 16개 작품에서 각자 3작품을 선정했다.

첫 번째 투표 결과 8점이 남았다. 최고 득표를 한 작품은 5표를 받았다. 그러니까 5명이 '최선의 안'으로 생각하고 선택한 것이라는 말이다. 최저 득표는 1표였다. 이때 최고 득표 5표를 획득한 것은 야마시타 토시로(山下寿郎) 안이었다. 단게 켄조 안은 2표로 5위였다.

여기서 예정대로 '수석을 재투표로 선정한다'로 가야 하는데, 그 전에 '의견 교환, 토의'를 한다.

여기에서 의문이 드는 것이, 실은 '예비 심사'에서 이미 40작품이 선별되어 있고, 그렇게 선별한 40작의 심사후보안을 '신중하게 비교 검토하여 합의하에 16작품을 선별'하는 것이다. 그 16작품의 선별 기준이랄까 평가의 대상은 무엇인가. 또 그때 무엇을 '합의'한 것일까. 어쨌든 예정대로 두 번째 심사가 진행되었다. 그러자 첫 번째 심사에서는 2표 밖에는 획득하지 못해 5위였던 단게 켄조의 안이 역전하고 '과반수를 획득하여 수석으로 결정'된 것이다. 첫 심사에서 5표를 획득하여 최고 자리에 있던 야마시타의 안은 차석이 되었다.

기시다 히데토는 이마이 켄지가 심사위원장이었던 기념 성당 콤페 때 심사결과를 강하게 비판하고 '심사경과의 공개가 필요'하다고 주장했다. 심사경과라는 것이 구체적으로 무엇을 말하는 것인지 알 수 없지만, 이번에는 본인이 심사위원이 된 평화기념관 콤페의 심사경과는 일단은 공표는 되어 있지만 왜 그렇게 심사를 했는가에 대해서는 언급이 없다. 이래서는 의미가 전혀 없다.

140점의 응모안에서 40점으로 선별하는 데에 왜 3인의 심사위원으로 했는지, 그리고 그 3인이 누구인지. 더더군다나 40점의 선별 확인을 '꼼꼼하게 다시 검토했다'고 하니 납득은 하는데 그 40점을 '신중하게 비교 검토하고 합의하에 16점을 선별'했을 것이지 않은가? 보통은 첫 심사에서 결정하지 않고 투표를 한 번 더 할 땐, 상위 3점을 대상을 한다든가 하는 식으로 결선투표를 한다. 그런데 8작품 가운데 5위란, 그러니까 반에도 들지 못해서 5위가 된 작품이 역전하는 것은 아무리 봐도 '이상한' 결과다. 그렇게 보는 것이 자연스럽다.

처음부터 단게 켄조의 안이 첫 심사에서 수석이 되지 못한 경우, 심사위원들이 맘을 바꾸려는 기회를 주려고 예정하였다 라고 감을 잡는 것은 어색한가? 후지모리 테루노부가 말하는 "기시다 선생님이 있는 힘을 다해 애를 써서 역전"이라는 것은 이때의 소동을 말하는 것일 터이다.

첫 심사에서 야마시타 토시로에게 투표한 것은 8명 중 5명이었다. 그들은 누구신가?

심사위원들은 어떤 이유로 단게 안이 아니라 야마시타의 안을 선택한 것인가? 그리고 기시다 히데토의 어떠한 설득, 주장에 번의한 것인가. 그것을 알고 싶다. 기시다는 '심사경과의 공개 필요'를 주장한 장본인이다. 그리고 그것이 공개되지 않으면 "응모자 쪽에서 의심과 억측이 생긴다"라고도 했다. '심사경위의 공개'란, 몇 표가 어찌해서 어떠하다 라는 것이 아니라 '이 안에는 이러저러한 문제가 있고, 그것이 저 안에서는 이러저러하게 해결되어 있다'라든가 '이 안에는 이러한 결정적인 주장이 있는데 그것이 다른 안에는 없다'라든가, 그런 내용으로 한 발 더 들어간 발언자의 보고와 주장이 기록되어 있어야 의미가 있다.

콤페의 심사위원은 무엇을 해야 할까

물론 기시다는 "심사위원 총평"에서 단게의 안이 얼마나 뛰어난지 누누이 기술하고 있다. 그걸 알고 싶은 것이 아니다. 심사위원 9명(와병으로 1명이 결석. 실제는 8명)의 '평가'의 변심, 변화의 이유를 알고 싶은 것이다. 건축가가 없고 전문 분야가 제각각 다른 심사위원들의 평가 추이를 알고 싶은 것이다. 그것은 이 콤페의 심사위원으로 적임인가 라는 것도 검증해보고 싶기 때문이다. 백보 양보해서, 콤폐 심사위원은 어떤 것을 해야 하는지에 대한 고찰에 도움이 될 것이라고 생각하기 때문이다.

말할 것도 없지만 단게 켄조의 안을 이러니저러니하고 있는 것이 아니다. 이 책에서는 작품 총평에는 일절 관여하지 않는다.

맘에 걸리는 것이 있다.

첫 번째 투표에서 최대 득표를 한 야마시타 토시로 안은 부지가 접하는 모토야스강까지 부지를 확장해 강 속에 기념탑을 세우고 있다. 이것이 이 안의 특징이다. 그러면 왜 강에 기념비를 세우려고 한 것일까. 이 부지에 원폭이 투하되었을 때 가혹한 화상을 입은 시민들이 강에 뛰어들었다고 한다. 그들 모두가 그 강에서 죽었다고도.

처참한 일이다. 히로시마 시민에게는 그 일이 잊히지 않아서 그 강에 특별한 감정이 남아 있다. 그래서 그 강에 진혼의 비가 서 있는 것을 보고 지역의 심사위원은 CIAM이 테마로 한 '도시의 코어는 어떠해야 하나'눈길도 주지 않고 자기도 모르게 한 표를 던진 것이 아닐까. 기시다는 이 기념탑을 어떻게 보았을까?

> 히로시마는 물이 풍요로운 도시이다. 이 물을 공원으로 효과적으로 활용하려고 하여 기념탑을 강에 세우고 그 언저리를 건축적인 시설의 중심으로 한 것은 본 안의 좋은 특징의 하나이다.(중략)

단게 켄조의 축선 끝에도 세계 유산인 '산업관' 돔이 있다. 근데 당시에는 세계유산이 아니었다. 나중에 사람들이 세계유산으로 결정한 것이다. 당시에는 '피하고 싶은 잔해'로 해체운동까지 일어

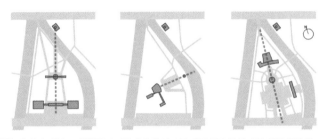

입상한 세 안의 배치도. 왼쪽부터 1등 단게의 안, 2등 야마시타의 안, 3등 아라이의 안
출처: arch-hiroshima.info

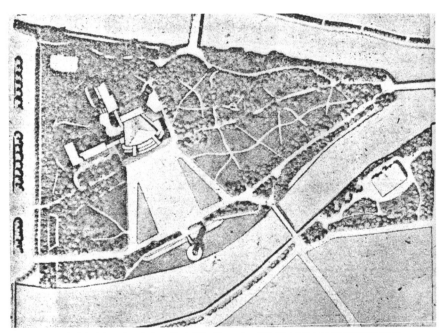

2등인 야마시타 토시로의 안. 그림 아래쪽 강(모토야스강)을 부지 쪽으로 조금 당겨와 중앙에
비를 세우는 안이다.

났다. 그러니 심사위원들은 축선 끝의 심볼을 '훌륭하다'고 생각하지 않았던 것이 분명하다. 그래서 기시다 외에 1명만이 단게의 안에 투표한 것이다. 심사위원 1명이 와병으로 결석. 기시다를 제외하면 7명이다. 그들 중 5명이 '강 속의 기념비'에 1표를 던진 것이다. 내 생각일지도 모르겠지만.

오미 사카에가 예찬하는 말을 차용해둔다.

히로시마 평화기념관은 단게 켄조를 세계적으로 유명하게 한
데뷔작이며, 이듬해 1951년, CIAM이 히로시마 평화공원의 설계가
'도시의 코어'라는 그해 테마와 깊이 관계 있다며 초대했다.
—《건축설계경기》에서

이 콤페에서도 후일담이

단게의 안은 건물이 3동으로 나누어져 있다. 중앙의 '기념진열관'과 그 동서 양쪽에 '본관'과 '공회당'. 그리고 그것들을 브릿지로 연결한다. 중앙의 진열관과 그 좌우를 연결하는 브릿지는 완전한 필로티로 되어 있고, 본관과 공회당도 주위를 필로티 공간이 둘러싼다. 나중에 단게가 자주 사용하게 되는 필로티와 코어 시스템을 처음으로 선보였다고도 할 수 있다.

그런데 시공을 할 때 문제가 생겼다. 세 동 중 공회당은 예정된 국비로는 자금이 모자라는 것을 알았다. 그래서 지역의 경제계가 움직여서 건설비를 내기로 했다. 대신 한 동은 지역의 건축가에게

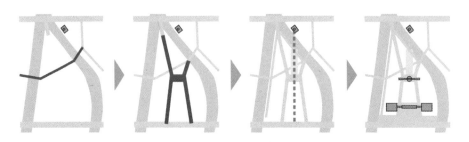

단계 안의 발전과정. 중앙의 진열관과 동서 좌우에 본관, 공회당이 브릿지로 연결되어 있다.
출처: arch-hiroshima.info

맡기고 호텔시설을 첨가해 달라는 변경요구를 했다. 경제계의 발
상으로서는 있을 수 있는 요구다.

　이것은 단계의 안에서는 없었던 것으로 공회당의 집회시설과
호텔은 어울리지 않는다면서 단계는 강하게 거부한다. 이러쿵저러
쿵 하는 사이에 지주측은 지체된 것을 이유로 단계와의 계약을 파
기하고 지역의 건축가에게 일을 맡겨 버렸다. 단계는 맹렬히 항의
를 하고 엄청 화를 냈다. 단계 팀은 자기들의 당초 설계안을 지키기
위하여 이 계획 모두를 백지로 돌리는 것과 그래도 한 동을 빼앗기
더라도 나머지라도 가지고 계속할 것인지를 고민했다. 결국 후자
를 택했다.

　내가 놀란 것은 단계 팀의 맹공격이다. 팀의 아사다 다카시(浅田
孝)가 지원사격을 한다. "비굴한 관료주의와 저속한 편리주의에 의
하여 히로시마 시의 특정 건축 기술자"(《신건축》1858년 6월호)에게 건축
주가 제맘대로 호텔을 갖다 붙인 공회당 설계를 의뢰해버렸다고
쓰고 있다. 그리고 이것을 맡은 지역의 건축가를 "아키텍트라는 값
어치가 없는 속물에 지나지 않는다"라고 공격한다.

현실을 바꿀 수 없었다. 호텔과 공회당을 포함한 공사는 지역의 업자가 시공하고 말았다. 단게는 울며 겨자 먹기 식으로 그 한 동을 포기하고 공사를 진행하여 공원 전체의 계획도 마무리 했다. 근데 콤페 안에는 있던 세 동을 이어주는 브릿지가 없다. 단게가 자기의 불편한 심정을 이렇게 드러낸 것이다. 그래서 준공을 다룬 잡지의 사진에는 브릿지가 없다. 콤페가 입선작 그대로 되지 않는다는 것은 드문 일이 아니다. 대체로 주최자 측 사정에 따라 그대로 되지 않는 것인데, 늘 문제가 되고 있다. 대체로 건축가가 진다. 여기까지는 잘 알려진 얘기인데, '후일담'이 엄청나다.

완성하고 삼십 수년이 지났을 때 지역의 건축가가 설계한 공회당만 해체 철거되었다.

단게 켄조의 설계로 새로운 '공회당'이 건설된 것이다. 그리고 지금은, 단게의 당선안 대로 브릿지가 만들어진 것이다. 지금의 브릿지는 이런 경위가 있다. 정치적인 경위는 모르겠지만.

상처 없는 콤페는 없다고들 하지만 이 콤페보다 더한 것은 없을 것이다.

콤페와 저작권 문제

국립국회도서관

당선안이라도 무시할 수 있다?

도쿄에 있는 지금의 국립국회도서관의 외관은 콤페 당시 모형 사진, 입면도와 상당히 다르다. 아니 다른 건물이라고 해도 된다. 1등으로 당선된 '다나카(田中)+오타카(大高) 안'은 응모 설명서대로 "간단하고 알기 쉬우며 한눈에도 알 수 있는 건물의 형태"로 하려고 외벽 프리캐스트 패널의 할당에 고심했다고 한다. 그리고 "외벽 요철의 깊이"를 고려하여 건물 외벽에 회랑을 붙이고 그것을 이 집의 특징으로 삼았다. 하지만 지금의 도서관은 관청 영선과에서 설계한 듯한, 특징 없이 튼실하기만 한, 어디에도 있을 법한 '그저 그런 빌딩'이 되어 있다.

콤페로 할 의미가 있기나 했나 하는 건물이다. 당시 건설성 영선과에서 설계해도 충분히 할 수 있었던 것은 아닌가. 어찌된 일인가. 콤페 당선안이 그대로 만들어지지 않는다는 것은 왕왕 있는 일

국립국회도서관 출처: 위키 커먼스

이지만 당선안과 너무 다르다. 무슨 일이 있었던가?

이 콤페는 처음부터 콤페 역사에 남을 '콤페와 저작권'이 문제가 된 콤페였다. 건축의 저작권에서 외관을 중시하고 존중하는 것은 중요한 항목이다.

국립국회도서관 콤페의 응모 규정 발표는 1953년 11월. 실은 이보다 한 해 전에 '가나가와현립(神奈川県立) 도서관·음악당'과 '도쿄도 청사' 그리고 그 전년도에는 '가나가와현립 가마쿠라(鎌倉) 근대미술관' 등 건축가들에게는 군침이 도는 건축 콤페가 있었는데 하나 같이 지명 콤페로 나와서 일반 건축가들은 건드리지도 못했다. 가나가와현립 도서관·음악당은 마에카와 쿠니오가, 도쿄도 청사는 단게 켄조가 그리고 가나가와현립 가마쿠라 근대미술관은 사카쿠라 준조(坂倉準三)가 각각 콤페에서 이겼다. 역사에 남을 건축이어서 건축계는 크게 고무되었다.

그런데 국립국회도서관의 모집 요강을 읽은 건축가들은 경악했다. 나중에는 반발로 이어졌다. 공모 지침에는 이렇게 쓰여 있었다.

1. 입선 설계 및 설계도서는 '국립국회도서관'의 소속으로 한다.
2. 공사는 원칙적으로는 설계도서에 따르지만 입선 도서라고 하더라도 그 설계를 변경하거나 채택하지 않을 수도 있다. 이 경우 이의를 제기하지 않는다.

어디선가 본 적이 있는 지침이다.

앞서 미쓰비시 합자회사의 콤페이다. 이것은 민간회사에서 개최한 일본 최초의 콤페였다. 그때의 조건은 이랬다.

1. 예선과 결선 2단계로 하는데, 예선 결과가 미쓰비시 측으로서 불만족스러울 때에는 결선을 하지 않는다.
2. 결선에서 당선해도 목적에 맞지 않는다고 인정될 때는 공사를 하지 않을 수도 있다.
3. 심사 후 이의를 제기하지 않는다.
4. 당선안의 소유권은 미쓰비시에게 있다.

똑같지 않은가. 요컨대 모든 권한은 발주자에게 있고 응모자는 이의를 제기할 수 없다는 것이다. 하지만 미쓰비시 합자회사 콤페는 메이지 말기라는 시대였다.

그때와 바뀐 게 하나도 없지 않은가?

그런데 국립국회도서관 지침 중, "공사 실시는 원칙적으로는 설계 도서에 따르지만, 입선 도서라도 그 설계를 변경하거나 채택하지 않는 수도 있다. 이 경우 이의를 제기하지 않는다"는 당초 발주자가 작성한 원안에는 없었다고 한다. 그럼 '전문위원'이 끼워 넣은 것이라는 말이지 않은가. 그 전문위원은 누구인가?

국회도서관건축위원회 위원 기시다 히데토(도쿄대학)와 발주자 측 건설성에서 기무라 케이치(木村惠一), 거기에다 콤페 심사위원장으로서 우치다 요시카즈(內田祥三, 도쿄대학), 심사위원으로서 이마이 켄지(와세다대학), 오카다 쇼고로(岡田捷五郞, 도쿄예술대학), 다니구치 요시로(谷口吉郞, 도쿄공업대학), 모리타 케이치(森田慶一, 교토대학) 거기에다 건축구조의 전문가로서 다케후지 키요시(武藤淸, 도쿄대학) 이상 7인이다.

또 기시다 히데토가 등장한다.

이들 중 누가 나서서 발주자도 언급하지 않았던 조건에다 "그 설계를 변경하고 또는 채용하지 않을 수도 있다. 이의 제기는 불가"라고 한 것일까. 예술 전반에서는 상식인 '저작권' 문제. 작품이라는 것은 모름지기 작가의 독자성을 엄중히 여겨야 한다. 그 권리를 엄중하게 다루어야 하는데 건축분야에서 메이지 시대부터 '일부 사람들'이 이를 깡그리 무시하는 태도를 보이고 있었다.

이 콤페의 심사위원장을 맡은 우치다 요시카즈는 미쓰비시 합자회사 콤페의 응모자 가운데 한 팀으로 3등으로 입선했다. 그러나 1등이 건축주의 사정으로 무시되고 그 다음에는 어떻게 되었는지 우리가 모르고 있는 전말을 그는 알고 있었을 것이다. 그런 경험을 했음에도 아무런 의문도 품지 않고 지냈던 것일까. 도쿄대학 졸업이라는 완강한 세계 속에 있었기 때문이라고 밖에는 달리 드는 생각이 없다.

기시다 히데토도 콤페 규정이 응모자에게는 얼마나 중요한 것인지 조금도 생각하지 않고 주최자와 심사위원 맘대로 할 수 있다는, 건축가를 얕보는 태도를 여러 군데에서 드러내고 있다.

이 둘이 있으면 충분하다. 다른 심사위원은 순수한 작가들이다. 이런 조건을 일부러 입에 올릴 리가 없다. 그러니 작가 심사위원 이외의 전문위원이 가져다 붙인 것이 틀림없다. 당선안을 '힌트' 아니면 '설계 초안' 정도로 생각하고 그것으로 자기들(혹은 주최자)이 생각하는 건축을 만들어 내면 그것으로 됐다고 하는 생각이었던 모양이다.

요시자카 타카마사의 이의 제기

건축계에서도 그런 생각을 허락하지 않겠다는 건축가가 나타났다. 요시자카 타카마사(吉阪隆正). 와세다대학 조교수로 당시 37세였다.

요시자카 타카마사는 과감하게 이의를 제기하려고 '질의서'를 제출했다. 이것에 대하여 당국의 공문서 회답은, 지금도 국회에서 연거푸 벌어지고 있는 난처한 때의 장관이나 관료의 답변과 똑같다. 이미 정해진 취지를 되풀이할 뿐 아무런 진전이 없고 애매한 내용이었다. 이른바 관공서는 결코 처음 낸 노선을 굽히지 않고 어려운 문제를 어찌되었든 피하려 하고 있으니 개선하고 자시고가 없었다.

요시자카 타카마사는 이런 일방적인 규정을 개선하지 않으면 콤페의 응모를 거부하자고 주장했다. 일본 최초로 '건축가 저작권 옹호' 문제를 제기한 것이다. 요시자카 타카마사의 논문은 《신건축》 1954년 1월호에 게재되었다. 논문의 주장은 4항목이었다. 주장하는 점은 다음이다.

1. 상금은 누가 어떤 기준으로 결정했나?

느닷없이 돈 얘기가 나오니 의외였을 것이다.

하지만 생각해 보면 설계의 가치를 노력이라든가 내용이라든가 하는 것을 구체적으로 측정할 수 있는 것은 금액이다. 요시자카다운 합리성을 알 수 있다. 당시 애초 설계·감리비조차 명확하게 정착된 요율은 없고 '누가 어떤 기준으로'라고 다잡아 물어 보아도 대답은 돌아오지 않을 것이라는 것을 요시자카는 잘 알고 있었다. 이때 1등 상금은 100만 엔이었다.

콤페에서 느닷없이 상금 이야기를 꺼낸 것은 흔히 말하는 '돈을 두둑이'라는 말이 아니다. 설계 행위에 대한 정당한 보수는 어떻게 된 것인가? 그것을 묻고 싶었을 것이다.

이 콤페에서 기시다 히데토 포함 7명의 건축 관계의 전문가(건축가도)에 의하여 '국립국회도서관 보수'를 주장해 줄 것이라고 기대했을 것이다.

또 일반론이지만 '돈'에 대한 자세는 '깐깐함'과 '너그러움' 또는 '깨끗함'과 '더러움' 등 사람에 따라 다른데, 그것은 어쩌면 어떤 때라고 일관해서 드러나는 자세가 아닐까. 그러니까 요시자카 타카마사가 '콤페 보수 교섭'을 할 때도 평상시 돈에 대한 자세가 드러난 것은 아닌가 한다.

옆길로 새지만, 요시자카의 돈 이야기에 이런 일화가 있다.

학생들과 인도 여행을 했다. 2~300명 단체였는데 요시자카 타카마사가 단장이었다. 전적으로 책임을 지는 자리였다. 비행기는 전세를 냈는데 학생들이었으므로 10만엔 정도의 여비로 상당히 싸게 무리한 일정을 짜서 진행하는 그야말로 힘든 여행이었다. 그런데 귀국하는 비행기에서 여비를 청산해 보았더니 돈이 약간 남았다. 그래서 요시자카 타카마사는 한 사람당 1000엔씩 되돌려주겠다고 비행기에서 방송으로 말했다. 모두에게 1000엔씩 지급되었다. 보통은 주최자라면 이래저래 잡비가 필요하다. 자기 돈도 가져다 썼을 것이다. 그 정도 돈은 되돌려주지 않아도 되는데. 주최자나 도우미 역할을 해본 사람이라면 경험상 잘 알고 있다.

그 여행에서 인도의 어느 성을 견학할 때의 일이다. 언덕 아래에 있던 걸인 부자가 보기에 민망할 수준의 춤과 노래를 하고 나서 위에 있는 학생들에게 돈을 구걸하는 광경을 요시자카가 보게 되었다. 학생들은 재미있었는지 밑에 있는 걸인 부자에게 동전을 던지고 있었다. 이때 요시자카의 고함소리가 들려왔다.

"사람에게 돈을 던져 주면 안돼!"

학생들은 놀라서 그만두었다. 더 놀란 것은 언덕 아래의 걸인 부자였을 것이다. 요시자카는 돈에는 '깨끗하고' '깐깐한' 사람이라는 일화이다.

얘기를 다시 돌리자. 건축의 설계비 기준도 명확하게 정해져 있지 않은 시대였으니 콤페 상금을 정하려야 정할 수 없었던 것이다.

그래서 이 콤페 직전에 있었던 콤페의 상금을 열거해본다.

① 히로시마 평화기념 카톨릭 성당(1948): 1등 10만 엔+실시설계권, 2등 2개 안 각 5만 엔, 3등 이하 생략

② 히로시마 평화기념관(1949): 1등 7만 엔+실시설계권, 2등 1안 5만 엔, 3등 이하 생략

③ 가나가와현립 가마쿠라 근대미술관(5인 지명 콤페, 1950): 각 10만 엔, 2등 이하 생략

④ 가나가와현립 도서관·음악당(5인 지명 콤페, 1952): 각 50만 엔, 2등 이하 생략

'설계보수'라는 관점에서 봐도 이 금액이 얼마나 현실과 동떨어져 있는지는 상식적으로 봐서도 알 수 있을 것이다. 그래서 국회도서관 콤페는 금액으로만 보면 다른 것과 비교해도 결코 모자라지 않고 심지어 다른 것과 비교해도 나은 편이 아니었을까. 주최자인 건설성은 그렇게 생각하고 있었을 것이다.

요시자카에 대한 '도서관' 측의 공문서 회신은 "상금액은 국회도서관 협의회에 부의하여 예산을 봐서 결정했다"는 것이었다. 그리고 당초의 100만 엔은 바뀌지 않고 변경되는 일도 없었다.

2. 입선 설계와 설계도서는 도서관에 귀속하는 것으로 하고 도서관의 용도 이외는 사용하지 않는다고 하는데, 이때 건축의 저작권은 어떻게 되는 것일까?

결론부터 말하면 회신은 다음과 같은 내용이었다.

국회도서관의 용도에 한하여 동 도서관이 행사권을 가지는데, 그 외는 작자의 자유다.

저작권은 어떻게 되는가? 묻고 있는데 '저작권'에는 대답하지 않는다. 그래서 건축의 저작권이란 무엇인가에 대하여는 더 이상 진척이 없었던 것이다. 애초에 '건축의 저작권'이란 무엇인가? 애석하게도 그것에 대하여 명확하게 적어 놓은 정의가 없다. 설계도서의 저작권인가, 완성한 건축물의 저작권인가. 디자인 아이디어에 대한 저작권인가.

오미 사카에가 《건축설계경기》에서 "건축이 인간의 지성과 감성에 의한 창작 활동의 소산이며 하나하나 인격의 표현이라는 점에서 틀림없이 저작권의 대상이 되는 것이지만 그 범위는 명확하지 않으며 건축가의 주장에 개인차가 있는 것도 문제가 된다"고 한 것은 다르게 보면 '건축의 저작권이란 무엇인가'에 대한 명확한 정의가 없고 또 애매하다는 말이다.

어려운 얘기는 다른 데서 하기로 하고, 설계도서에 그려진 그림을 저자인 건축가의 허락 없이 변경하는 것은 '저작권' 침해이며 용인되어서는 안 된다.

요시자카 타카마사도 여기서 법적으로 '저작권'을 확립해 두려고 그런 것은 아닐 것이다. 단기간에 이루어진 콤페의 장에서 법률이 엮이는 '저작권' 문제를 명확하게 하려는 따위는 생각지도 않았던 것이 틀림없다. 무슨 말인가 하면, "설계자의 허락 없이는 '설계에 손을 대는 것'은 하지 마라!"는 것을 확인하고 싶었지 않나 싶다.

3. "공사의 실시는 원칙적으로 당선안으로 하는데 입선 도서라고 해도
   그 설계를 변경하고 또 채용하지 않을 수도 있다. 이 경우에 이의를
   제기하지 않는다"는 규정에 대하여 다음의 세 가지 문제

   A: 공사 실시에 입선자가 관여할 수 있나?
   B: 설계 변경을 할 때 입선자의 의견을 듣는가?
   C: 입선 작품을 채용하지 않을 때 작자에게 어떤 변제를 하는가?

   이것은 저작권의 실행을 구체적으로 다짐 받으려는 것이다.
   그러나 이것에 대한 회답은 쌀쌀맞았다.
   A에 대하여 "여기에 관여하게 하지 않는다는 것이 원칙이다."
   B에 대하여 "입선자의 의견은 듣지 않는다."
   C에 대하여 "변제는 없다."
   제 맘대로다. 가장 먼저 확인해 두고 싶었던 것이 단칼에 거절
되었다.

4. 국제건축가연맹(UIA)의 규정과 일본건축학회의 규정은 참조했나?
   이것에 대한 회답은 나로서도 상상할 수 있는 관공서다운 회
답이었다.

   국제경기규정에 따르지 않으며 어디에도 얽매이지 않고 자유로이
   입안했으며, 학회의 규정은 참조는 했지만 거기에 전면적으로 따르지는
   않았다.

   2012년에 만들어진 신국립경기장 콤페 지침처럼 국제기준을

무시하고 일본건축학회의 규정에도 따르지 않는다. 정신은 티끌만큼도 변하지 않지 않은가.

요시자카로서는 도저히 승복할 수 없었다.

건축가 측에서 제기한 저작권 문제의 사회적 의의에 대해서는 당시 《아시히신문》, 《마이니치신문》에서도 크게 다루어주고 지원도 해 주었다. 당연히 건축가의 동조자도 있었고 '규정에 반대'하는 건축가의 성명서도 작성되어 응모 반대의 성명서에 300명이 서명을 했다. 하지만 당사자인 관료들은 이런 것에 대하여 제대로 대처하려고 하지 않았다. 콤페 마감을 3개월 연장하고 건축가의 요구에 대하여 "설계자의 의견을 충분히 존중하도록 노력한다"고, 늘 하던 대로 상투적인 수법을 써서 모면한다.

요시자카의 헛수고

이러니저러니하는 사이에 '응모 거부'하자고 하면서도 콤페는 착착 진행되어 콤페 조건에 대한 상세한 질의응답이 이루어지자, 많은 건축가가 썩은 미끼라도 덮치는 건축가 본연의 자세를 보여주었다. 그런 주장은 아무래도 좋으니 응모를 할 거라는 건축가들이 있었다.

마감 직전이 되어 '서고는 중앙서고식'이라고, 도서관 설계에서 치명적으로 중요한 서고방식의 변경이 발표되자 극심한 혼란에 빠졌다. 완전히 건축가들을 가지고 노는 콤페였다. 그런데 이것이 발표되기 1개월도 전에 일부 건축가에게 흘러들었다는 소문도 나고, 암튼 볼썽사나운 콤페가 되었다. 그러나 결과는 나왔다.

1등은 마에카와 쿠니오 건축설계사무소의 다나카 마코토(田中誠)·오타카 마사토(大高正人) 등 MID 동인*이었다. 이들은 항공사진을 사용하는 등 일찍부터 준비하고 있지 않았나 싶다. 요시자카 타카마사가 제기했던 '저작권 문제'의 조정역으로서 동분서주하던 사람이 마에카와 쿠니오로, 일부에서는 주최자 측의 정보가 먼저 흘러들어간 것은 아닌가 하는 소문도 떠돌았다. 콤페에서는 이런 소문이 적잖이 있다. 하지만 마에카와라면 조정역에서 알아낸 주최자 측의 정보를 다나카, 오타카에게 흘렸을 리가 없다.

그 이유는 다음과 같다.

'일본 무도관'의 지명 콤페를 거절한 것. 그리고 유명한 산이치 서방(三一書房)에서 출판된 《현대건축가전집》(1971~73)에 자기 작품을 게재하지 않은 유일한 저명 건축가인데, 거기에 싣지 않았던 이유는 전에 근무하던 직원인 기토 아즈사(鬼頭梓)에 따르면 "건축가 스스로가 주장해야 하는 저작권을 무시하여 작품집에 무료로 싣는 것을 강력하게 부정하고 게재를 거절했기 때문이다."

정당한 저작권료도 받지 않고 작품집에 작품 게재하는 것을 거부한 것이다(통상은 잡지나 작품집에는 무상으로, 게다가 기쁘게 게재료도 받지 않고 싣는다). 그 밖에도 마에카와의 수많은 일화나 태도를 알고 나면 그는 아마도 일본에서는 가장 반듯한 태도를 가진 건축가가 아닐까 싶다.

요시자카가 제기한 '저작권 문제'는 해결되지 않은 채 우물쭈

---

*　　MID는 마에카와 설계연구소(Mayekawa Institute of Design)에서 따온 말로 MID동인은 마에카와와 같은 생각을 가진 사람들의 모임을 의미한다.

물하는 사이에 콤페는 진행되었다. 제출 작품은 123점이었다. 단게 켄조는 애초에 요시자카의 '응모 반대' 운동에 가담했다가 마지막에는 설계안을 제출했다. 그리고 '가작 1석'에 들었다. 요시자카는 설계안을 제출하지 않았다.

1등이 다나카 마코토·오타카 마사토의 안으로 결정되었는데 그 안을 실시하는 경과 기록이 건설성에 남아 있다. 중의원 도서관 운영위원회는 "실시에서 1등을 채용할지 아니면 2등을 채용할지에 대해서는 그 최종결정을 도서관 당국에 일임했다."

응? 이건 무슨 말인가? 놀랄 얘기다. 분명히 요시자카의 질문에 대하여 "원칙적으로 1등 당선안"이라고 했다. 그리고 도서관 관장으로서는 "1등 당선안을 중심으로 그것을 존중하면서 진행한다는 희망을 가지고 있다"고 했다. 2등 안은 요시카와 세이사쿠(吉川清作) 외 3인(도시건축연구소)이었다.

위원회로서는 "모집 도중에 당선자가 설계에 관여할 수 있다고 했지만 나중에 어느 정도까지 관여하게 할 것인지에 대하여는 서로 얘기를 하였다. 도서관 측은 당선자를 도서관 직원으로서 또는 촉탁이라는 형식으로 하든지 아니면 전문위원으로 설계에 관여하도록 하는 것이 도서관으로서 할 수 있는 범위에 있는 것이어서 그 선에서 양해해 달라"는 내용을 요구해온 모양이다. 그런데 역시나 다나카·오타카는 거기에 응하지 않았다. "처음부터 건축의 기본설계만 한다는 것은 변칙이다"는 것이 그 이유다. 거기서 도서관 측은 다시 "설비를 제외한 건축의 기본설계를 위탁하는 것으로 한정하고 싶다"고, 비공식적인 제안을 했다. 다나카·오타카는 '규정에 따른 위탁설계료'를 조건으로 이것을 받아들였다.

여러 차례 절충을 거듭하고 나서 당선안은 여기저기 변경이 되어 실시되었다. 그러니까 당선안과 실제로 건축된 것과는 전혀 다른 건물이 되어버렸다.

"당선안을 실시할 때 당선자는 직원이나 촉탁이 되어 달라"는 믿을 수 없는 조건을 제안한다. '건축가의 독립된 입장은 어쩔 것인가.' 놀랄 일도 아니다.

신국립경기장 콤페에서도 실제로 이런 일이 일어났다. 신국립경기장 콤페도 당초지침에서는 실시설계와 공사 감리까지 일관해서 당선자가 한다는 것이 아니라 '설계안 그것만'이라는 애매한 것이었다. 실시 콤페에서는 있을 수 없는 지침이었다.

'아이디어만 주시면 그 다음은 우리가 처리하겠습니다'라는 심보가 여실하다. 그리고 당선 안을 보고나서는 공사비가 너무 많이 들지 않은가 라고 문제를 제기할 때도 당선자인 자하 하디드에게는 아무런 연락이나 상담도 하지 않고 주최자가 비공식적으로 적산하고 "공사비가 예산보다 매우 증가함"이라고 떠들어대면서 무효로 해버린 것이다.

국립국회도서관 콤페를 계기로 일본의 건축학회, 일본건축가협회, 일본건축사연합회 등 세 단체는 '건축설계경기규준'을 제정했다. 이것을 본 오미 사카에는 "드디어 공식적인 콤페가 출현하기 위한 기념할 만한 초석이 세워진 것이다"라고, 칭찬? 기대?를 했다. 근데 '아니, 아니 아니올씨다. 바뀐 것은 하나도 없습니다요'라고 할 수밖에.

이래저래 평판이 좋지 않았던 콤페

국립극장

'전통 예술을 위한 시설'을 짓는다면서

"이젠 더 이상 전쟁 직후처럼 어려운 때가 아니다"[*]라고 하던 1956년, 내각에서 일본 최초 국립극장의 설립 준비가 결정되었다. 국립극장 설립 이야기는 메이지 초기부터 있었던 모양이다. 전쟁 중에는 그렇지 않았겠지만 맘만 먹었다면 얼마든지 건설할 수 있었을 것이다. 한심한 '문화국가'이다.

1950년에 드디어 문화재보호법이 제정된다. 이 법률에 따라 문화재보호심의회가 탄생한다. 지금의 문화청이다. 문화청은 단돈 700만 엔의 설립 준비비를 얻어서 본격적으로 움직이기 시작한다. 그리고 발의된 고전예능 보존을 위한 시설 건설은 궤도를 타는가

---

[*]   もはや戦後ではない 원래 뜻은 '이제는 전쟁이 끝난 직후가 아니다'이다. 전쟁 직후의 호황이 지나가고 이제부터는 경기가 어려워질 것 같다는 의미다. 하지만 이 말은 전쟁에 지고 난 뒤처럼 힘든 시간이 지나갔다는 뜻으로 사용되었다.

국립극장 출처: 위키미디어 커먼스

했더니 부지 선정과 시설의 구체적 목적을 둘러싸고 다시 말썽이 났다. 일본 최초의 국립극장이다. 모든 예술문화단체가 나서서 지지한 것은 당연한 일이었다.

부지가 결정되고 그 안에 들어갈 내용이 결정되기까지 6년이나 걸렸다. 결국 '고전예능을 위한 시설'로 하기로 했다. '고전예능을 위한 시설'. 요컨대 극장이잖아? 근데 문부성(지금의 문부과학성)답게 그럴싸한 것은 모두 모아서 이 기능들을 건물 하나 안에 집어넣으려고 했다. 골자는 다음과 같다.

> 고전예능을 보존 진흥하기 위한 중심기관으로서 예능의 공개, 조사,
> 연구, 자료의 보존 전시, 그 계승자의 양성 등을 유기적, 종합적으로
> 실시하기 위한 시설

단순한 극장은 아니었던 모양이다. '실수하지 않는' 일본 관공서의 민낯을 그대로 보여주고 있잖은가. 그리고 또 콤페 형식은 일단은 '1단계 공개 콤페'였는데 9년 전에 시행한 국립국회도서관이 저작권 문제로 소란스럽다가 명확한 결론도 내지 않고 씁쓸한 뒷맛을 남긴 채 감행되었기 때문에 지침(조건)은 결코 건축가 측을 만족하게 하는 것은 아니었다. 지침이 발표되자 건축가 측이 강하게 반발했다. 다양한 비판과 주장이 나왔다.

그중에서 당시 건축계에서 잘 나가던 건축가 집단 '5기회'(도쿄대학 단게 연구실을 비롯한 대학 연구실의 젊은이들로 결성한 그룹)에서 일본건축가협회에 대하여 "건축가 측은 보조를 맞춰야 한다"고 제안했다. 당시 건축가협회는 건축가 자격을 엄격하게 해서 입회 심사를 통과하는 것도 쉽지 않은 '엘리트 집단'이었다. 거기에다 대고 "잘 정리해 달라"고 한 것이다.

옆길로 새지만, 이 5기생들이 서두르는 것은 일본 건축계에서는 건축가와 기술이 인정된 자격자(건축사)들이 혼재되어 있기 때문이다. 이 둘이 뒤섞여 있는 것이 국회도서관에서 저작권 문제가 명쾌하게 해결되기도 전에 좌초하는 원인이었다. "자잘한 것이나 권리 주장은 됐고, 얼른 콤페를 하자"고 하면서 가장 중요한 문제가 뒷전으로 밀려나게 되는 쓰디 쓴 경험을 하게 된다.

일본건축학회, 일본건축사연합회, 일본건축가협회가 모여서 다음과 같은 '요망서'를 문화재보호위원회 위원장 앞으로 제출했다. 요점은 다음 세 가지이다.

① 공개로 하고 2단계 콤페로 할 것
② 설계 감리는 당선자에게 위촉할 것

③ 심사위원은 과반수가 설계 감리의 충분한 유경험자 건축가로 할 것

특히 ②를 보면 아직도 이런 것을 새삼스럽게 요구해야만 하는가 할 정도다. 한심한 지경이다. 대개의 콤페에서 당선자는 실시설계, 감리에 조건 없이 참여하지 못했다. 그것이 메이지이후 국가가 시행하는 건축설계에 대한 자세였던 것이다.

또 ③의 요구도 당연한 것인데 실은 히로시마 평화기념관 콤페를 비롯해 도쿄 도청사, 국립교토국제회관도 심사위원 중에 "설계 감리의 충분한 유경험자 건축가"는 하나도 없었으며 가나가와현립 가마쿠라 근대미술관은 12명 중 1명뿐이었다.

마에카와 쿠니오의 걸작 가나가와현립 도서관·음악당은 지명설계 경기였는데 심사위원은 기시다 히데토와 사토 아키라(佐藤鑑)이 둘뿐이었다. 사토 아키라는 '공중위생학'이 전문인 건축환경학의 학자인 모양인데 검색을 해보니 주택과 약간의 건물에 대한 자료가 나온다. 작품집이 남아 있지 않으므로 확실한 것은 아니다. 그런 사람과 기시다, 둘이 결정한 것이다.

암튼 지명된 설계자가 마에카와 쿠니오, 단게 켄조, 사카쿠라 준조, 다케 모토오라는 건축가로서 업적이 창창한 얼굴들이다. 근데 이들의 작품을 심사하는 심사위원이 두 명이라니 가당키나 하는가? 미리 말해두지만 마에카와 쿠니오의 이 작품이 수준이하라는 것은 털끝만큼도 아니다. 나는 마에카와의 작품 중에서도 매우 뛰어난 것이라고 존경하고 있다. 콤페의 심사위원이란 어떤 사람이어야 하는가, 다시 한번 더 근본적인 문제로 고민해야 하지 않을까.

이 국립극장에서는 어떠했던가.

심사위원 9명 가운데 "충분한 경험을 지닌 건축가"는 우치다 요시카즈, 무라노 토고, 요시다 이소야(吉田五十八), 다니구치 요시로 4명과 기시다 히데토인데, 기시다가 "설계감리에 충분한 경험을 지닌 건축가"라고 할 수 있나?

국립극장의 지침에서 보는 절차상의 문제는 매우 애매한 것인데 그것과 함께 저널에서는 매우 깊은 관심을 보였다. 잡지 등에서는 "어떤 국립극장을 설계하는가"를 테마로 한 기사가 많이 실렸다. 《국제건축》에 실린 좌담회 일부를 소개해 둔다. 심사위원인 요시다 이소야에게 단게 켄조가 묻는 형식의 좌담회다(이것도 사전에 심사위원과 상업지 사무실이라는 장소에서 만나 얘기를 나누는 것은 공정하지 않게 보이지만…).

> 단게: 현재 문제가 되고 있는 이 '일본적'이라는 것에 대하여 요시다 선생님은 어떻게 생각하고 계신지, 여쭈어보는 것이 참고가 될 듯하여….
> 요시다: 나는 외국인이 보면 일본적이라고 생각하겠지만 일본인이 보면 일본적이라는 감각이 그닥 강하게 나오지 않을 정도… 또는 일본인이 보면 성에 차지는 않겠지만, 굳이 그 위치라고 하자면 그 둘의 한중간….
> 단게: 한중간이라고 하시면 좀….(웃음)

정말이지 요시다 이소야답게 감각적이라고나 할까, 감상적이라고 할까. 전통론이나 양식론을 기대하고 있던 젊은 건축가들은 어리둥절했을 것이다. 그때까지 몇 번이나 나왔다가는 사라진 건축의 '전통 논쟁'도 있었고 게다가 고전 전통예능의 극장건축이라니 이 문제를 못 본 채 할 수는 없었다. 젊은 건축가들 사이에서는 뭐랄까 썩 내키지 않는 콤페였다. 그러는 사이에 '국립교토국제회관' 콤페가 곧 나올 거라는 소문이 퍼지기 시작했다. 심사위원도 단게 켄조나 마에카와 쿠니오 등 탑 리더 현대 건축가라고 한다. 이 소문은 젊은 건축가들 사이에 퍼져나갔다.

한편 젊은 건축가들은 국립극장의 심사위원과 국립교토국제회관의 심사위원을 비교하고서는 국립극장에는 응모하려고 하지 않고 잠자코 있었다. 그도 그럴 것이 국립극장의 심사위원은 좋게 말하면 대가들, 나쁘게 말하면 한 시대 전의 '노털들'이었다.

건축을 '어렵게 생각하지 않고' 해 달라는 대로 기능을 채워 넣으며 분위기는 감각에 맡기고 그럴싸하게 디자인하면 된다는 건축가는 물론 많이 있다. 아니 태반이 그렇다고 해도 될 것이다. 그런 사람들은 설계거리가 있으면 물어뜯을 듯 달려든다. 국립극장 콤페를 시작하고 보니 등록한 것은 2,334건이나 되었다.

다케나카 공무점의 설계 작업

다케나카 공무점(竹中工務店)은 전 지점(지사)에서 설계안을 만들고 있었는데 특히 오사카 본점은 설계부장인 이와모토 히로유키(岩本博行)를 필두로 여느 때와 다른 태세로 시작했다. 먼저 정예들로 진을 치고 드물게 '신입사원도 좋으니 참가하도록'이라고 했다. 첫 번째 회의 때 이와모토는 다음과 같이 인사말을 했다.

이번 국립극장은 고전 예능의 보존이 목적입니다. 보존이라고 하면 '소(倉)', 소라면 쇼소인(正倉院), 쇼소인이라면 아제쿠라즈쿠리(校倉造).* 따라서 이번 국립극장의 디자인은 아제쿠라즈쿠리로 갑니다.

이런 기묘한 '삼단논법'에도 부장이 하는 말이니 아무도 대들지 못했다. 간부들이나 선배들은 잠자코 듣고 있었다.

"잠깐!"하고 신입사원이 손을 들었다. "아제쿠라즈쿠리는 목조건축 구법인데 이 구법을 콘크리트로 흉내를 내는 것은 좀 아니라는 생각입니다."

선배들은 무슨 말을 꺼내고 있나, 하는 얼굴로 걱정스럽게 부장의 얼굴을 바라보았다. 부장은 "의견을 내는 것은 좋은 일입니다"라고 오히려 기분이 업된 듯 희미한 미소를 띠며 대답했다. 그리고 신입의 의견에는 대답을 하지 않고 이어갔다.

"서둘러 주세요. 신입사원은 할 수 있는 만큼 심사위원의 작품을 조사해서 경향을 살펴봐 주세요. 심사위원이 어떤 건축을 좋아하는지 다음 회의 때까지 조사해 주세요."

"잠깐!" 신입사원이 다시 손을 들었다. "종합건설사는 대개 건축주 본위로 건축주에게 맞추어 설계를 해 왔습니다. 그러니 콤페만은 심사위원에게 맞추지 않고 다케나카 공무점이 정말로 하고 싶은 설계를 제시해야 하지 않겠습니까."

"잘난 척 하지 마. 콤페는 당선을 해야 의미가 있습니다. 당선하

---

* 아제쿠라즈쿠리(校倉造). 일본 창고 건축양식. 고상건축. 아제키(校木)라는 목재를 우물 정(井)자로 쌓아올린 외벽이 특징

국립극장의 모서리 부분

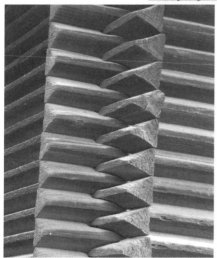

아제쿠라즈쿠리의 모서리

려면 어떻게 해야 하는가, 그걸 생각해야 콤페에서 이기는 겁니다."

다음 날부터 이와모토 히로유키는 스케치북을 껴안고 나라(奈良)에 통근하듯 다녔다. 쇼소인의 모서리 디테일을 엄청 신경 써서 드로잉했다고 한다.

워낙 이와모토는 이론을 쌓아가는 것을 좋아하지 않았다. 아니 잘할 줄 몰랐다. 그러나 와세다대학 출신인 오가와 타다시(小川正) 뒤를 이어 다케나카 공무점의 설계부장이 되고 나서는 건방진 신입사원도 추스르면서 일을 해야 한다는 생각이 있었다. 그 무렵 건축계는 설계에 논리성이 있어야 한다고 하면서 감성만으로 설계를 하면 평가를 받지 못하는 분위기였다.

몇 년 전 히로시마의 평화기념관이 완성되고 단게 켄조는 '전통과 창조'라고 제목을 붙인 훌륭한 논문을 발표했다. 그 논문에서 필로티와 광장을 도시의 코어라는 키워드로 설명하고 건축의 척도를 공간과 사회, 다시 말해서 인간과 도시의 스케일로 설명하였다. 형태와 논리의 훌륭한 정합성에 특히 젊은 건축가들은 탄복했다.

또 2년 전, 1960년 '세계디자인회의'가 도쿄에서 개최되면서 젊은 논객들이 세계의 건축가들에게 대항하기 위하여 '메타볼리즘'이라는 사상을 느닷없이 만들었다. 그들은 모두가 그 사상으로 텍스트를 쓰고 건축작품과 함께 발표하기도 했다.

이렇게 되니 다들 잠자코 작품만 만들려고 하니 뭔가 궁색해져서 뭐라도 '텍스트'를 함께 내야 하는 지경이 되었다. 그러니 이와모토 히로유키는 기묘한 삼단논법이라도 제시해야 된다고 생각했을 것이다. 하지만 이와모토의 본심은 그렇지 않았다. "거리에 눈이 쌓이고 온통 흰색으로 되었을 때. 아니면 종유동굴에 촛불 하나 들고 들어갔을 때. 나는 그런 공간을 좋아한다"라고 말하곤 했다. '삼단논법' 따위 무관한 건축가였던 것이다.

이와모토가 마지막으로 그린 콤페 안의 투시도는 새하얀 아제쿠라즈쿠리였다. 그 건축 바로 앞에 소나무 몇 그루가 있고, 그 뒤에 수평성이 강조된 단층 건물 입면도 같은 정면 모습이 그려져 있었다. 극장이므로 당연히 플라이타워가 있으니 상부로 솟아 나와 2층으로 되어 있는데, 정면 투시도는 지상에서 바라보는 것으로 그려서 상부는 보이지 않게 했다. 수평성이 한층 더 강조된 아름다운 건축이었다.

심사위원인 무라노 토고, 다니구치 요시로, 요시다 이소야를 더해서 3으로 나눈 듯한, 일본적이면서 모던하고 요시다 이소야가 단게 켄조와 좌담회에서 말했던 '한중간'이라고 했던 것, 그런 것을 그대로 보여주는 건축이었다. 과연 뛰어난 종합건설사였다. 건축주(심사위원)를 꿰뚫어보는 능력이 있다는 것을 증명했다고 할 수 있을 것이다.

왠지 모르겠지만 이와모토는 짙은 갈색을 좋아한다. 이와모토가 오사카에서 다케나카 공무점 설계부장이 되고 나서 '다케나카 컬러'라는 짙은 갈색 타일을 즐겨 사용했다. 오사카와 고베 땅 전부를 짙은 갈색의 타일로 뒤덮고 싶다고 입버릇처럼 말하곤 했으니, 아제쿠라즈쿠리는 당연히 짙은 갈색이라고 생각했는데 흰색이었다.

당선은 다케나카 공무점이었다

콤페의 심사가 진행되었다.

등록한 것은 2,000팀을 넘겼지만 실제로 제출된 작품은 307점이었다. 대개 콤페에서 작품 등록은 했지만 도중에 포기하는 것이 8할이나 된다니 평균적인 수준이었다. 실제로 응모한 307점의 작품을 문부성 콤페 담당자가 규정 위반이나 다른 이유로 선별하여 100점을 추려냈다. 이것은 콤페에서 늘 하는 일이다.

하지만 그렇게 처리하는 것도 콤페에 따라 다르다. 히로시마 평화기념관의 경우는 9명의 심사위원 중에서 3명(누구인지는 알 수 없다)이 '예비 감사'를 하고 응모작 140점에서 40점으로 추려내었다. 그리고 경과 기록에 의하면 그 40점에 들지 않았던 전 작품을 심사위원 전원(와병으로 1인 결석)이 한번 검토하여 2~3점이 패자 부활했다고 한다.

국립극장은 탈락한 207점을 별실에 모아 두었다. 그리고 심사위원들은 추려낸 100점의 심사에 들어갔다. 여기서 30점을 추려낼 예정이었다. 100점을 모두 본 무라노 토고가 "없다"라고 중얼거리면서 별실에 모아 둔 207점을 보고 싶다는 말을 꺼냈다. 담당자가 별실로 안내하였고 무라노는 207점을 살펴보았다. 잠시 후 이것을 심사에 넣고 싶다면서 1점의 응모작을 가지고 나왔다. 실은 이 응모작이 당선된 다케나카 공무점 이와모토 히로유키의 작품이었다.

무라노 토고가 말한 "없다"가 무슨 의미일까?

100점 중에 "이거다" 하는 결정적인 작품이 "없다", 하지만 어쩌면 탈락한 작품 중에서 잘못 본 것이 있는 것은 아닐까? 라는 생각에서 확인을 위해서 한 번 더 봐두려고 한 것이었을까. 아니면 실은 다케나카 공무점의 작품을 미리 알고 있었고, 그 안이 "없다"는 의미였을지도 모르겠다. 우연하게도 간사이대학 건물은 모두 무라노 토고의 설계로 시공은 오랫동안 다케나카 공무점이어서 평소에도 무라노는 다케나카 공무점에 자주 들락거렸다.

이 콤페는 공식적인 "심사경과 보고서"가 없었다.

기시다 히데토가 심사위원을 하고 있었는데, 어떻게 된 일인가? 기시다는 심사위원 단골인데 절대적인 영향력을 지난 인사였지만 이번에는 웬일로 말이 없었다. 히로시마의 세계 평화기념 카톨릭 성당 때 심사위원도 아니었던 기시다는 이마이 켄지와 호리구치 스테미 등 심사위원들이 1등 당선작을 선정하지 않았던 것을 맹렬하게 비판하고 "심사 경과의 공표는 반드시 필요"하다고 강력하게 주장했지만, 이번에는 공식 심사경과(경과보고)는 어찌된 일인지 일절 없었다. 그러니 이 콤페의 상세한 것은 알려지지 않았다.

하지만 그렇다고 해도 소문은 새어나오는 법. "요시다 이소야가 심사회를 주도해서 그가 1등부터 가작까지 8점의 입선작을 선정했다"거나 "의욕적인 작품, 전위적인 작품은 처음부터 제척되고 일본풍의 무난한 작품이 점수를 받았다"는 말이 돌았다. 공식적인 것은 아니지만 《신건축》에 게재된 인터뷰 기사 등으로 짐작해 보건대 심사 진행은 다음과 같았던 모양이었다. 100점을 문부성 담당자가 추려내고, 그 가운데에서 9점을 입선작으로 골라냈다. 마지막에는 마쓰모토 요이치(松本陽一)와 이와모토 히로유키의 안, 이 두 안으로 좁혀졌다고 한다.

오미 사카에의 《건축설계경기》에서는 "심사는 마지막까지 결

국립극장 콤페에 제출한 다케나카 공무점·이와모토 히로유키 안의 투시도. 당시 설계부원이
물감으로 그린 것이다.

정되지 않아서 우치다 요시카즈 위원장의 결정으로 당선안이 선정
되었다고 한다"고 쓰여 있다. 심사에 들어갔던 잡지사 기자에게 들
은 얘기였을 것이다. 심사위원들이 흘린 얘기에 따르면 이와모토
의 안이 "모든 부분에서 무난함", "나중에 설계를 변경하려고 하면
변경하기 쉬운 안을 선정했다"고도 했다.

실은 이것이 콤페에서 필승하는 '비책'인 것이다. 너무 개성적
이어서 완벽하게 마무리된 안은 실시설계 단계에서 자잘한 변경을
하려고 할 때 그 안을 다시 만들어야만 하는 것이면 좀 곤란하다.
그러니 계획 평면은 어떻게든 바꿀 수 있어야 나중을 위해서 안전
한 것이다. 종합건설사가 잘하는 기술이다.

하나 더. 콤페의 투시도는 흰 아제쿠라즈쿠리였는데 실제로
완성한 건축은 짙은 갈색의 '다케나카 공무점의 이와모토 취미'로
변신해 있었다. 역시 종합건설사의 '콤페에 이기기 위한 전략'이 먹
혔던 것이다.

여기서 하나 더 덧붙여야 하는 것이 있다. 앞에서 말한 일본건축가협회의 '조바심'은 먹히지 않았던 것이다. 국립극장은 1966년 10월에 완성됐다. 그해 12월 호 건축 전문지에 일제히 게재된 것인데 설계 데이터에는 다음과 같이 쓰여 있었다.

설계 감리: 기본설계-이와모토 히로유키, 실시설계-건설성 영선국,
공사감리-건설성 영선국

콤페 당선자 이와모토는 실시설계와 감리에 관여하지 못했다. 국립극장 3개월 후에 실시되었던 국립교토국제회관 콤페에서는 당선자가 실시설계 담당자로 할 것으로 했다. 국립극장 콤페에서는 들어주지 않았던 요구가 통한 것이다. 이것에 대하여 당시 일본건축가협의회 대표인 평론가 후지이 쇼이치로(藤井正一郎)가 "일본 콤페 사상 획기적"이라고 하면서 환영하는 글을 《신건축》 1963년 5월호에 기고하고 있다. 그리고 국립극장은 실시설계도 감리도 당선자가 맡지 못한 불운의 콤페였다고 쓰고 있다.

정말 그런가. 당사자 이와모토는 그런 생각이 있었던 것일까. 덧붙이자면 시공은 말할 것도 없이 다케나카 공무점이었다. 아마도 설계자 이와모토는 만족스러운 결과라고 생각하지 않았을까. 이와모토는 자기 회사가 시공하는 현장을 뻔질나게 들락거리면서 뒤치닥거리를 했다. 실질적인 '감리'를 하고 있었고 실시 도면도 이와모토가 손을 댈 수 있었다고 한다.

수미일관된 논리적 형식론보다는 실질적 현실론이 한 수 높은 것이라는 말인가.

이견 격노 집념
국립교토국제회관

"메타볼리즘 회고전"으로 기억하는데 전시되고 있던 모형 하나에 특히 관심 있어서 이 글을 쓴다. 그 모형이란 기쿠타케 키요노리의 '국립교토국제회관'이었다. 오타니 사치오(大谷幸夫)가 당선하고 기쿠타케가 낙선한 콤페의 모형이다. 박력 있는 큰 모형으로 전시회장 마지막 코너 가까운 곳에 놓여 있었던 것으로 기억한다. 전시장을 다 훑어본 나는 피곤함도 잊고 그 앞에 서서 꼼짝도 하지 못했다.

　　나중에 이런 이야기를 들었다.

　　실은 호즈미 노부오(穗積信夫)는 기쿠타케의 대학 동창으로 학생 때부터 사이가 좋았다. 내가 입학했을 때 첫 수업이 호즈미 조교수의 수업이었다. 그 수업에서 몇 년 전에 완성한 기쿠타케의 자택 '스카이하우스'를 마치 자기가 거기에 사는 사람인 듯 실감나고 상세하게, 그 건축이 얼마나 뛰어난 것인지 열변을 토하면서 말씀하셨다. 졸업 후에도 오랫동안 호즈미 교수와는 일로 자주 만났고 자주 기쿠타케의 이야기를 들려주셨다. 둘은 친한 사이였으며 동시

기쿠다케 키요노리의 국립교토국제회관 2등안. "메타볼리즘 회고전"에 전시되어 있던 모형을 사무실 직원이었던 스노다 켄이치로(鹿田健一郎)가 촬영. 뒤에 '해상도시' 모형이 보인다.

에 건축가로서 서로 존경하고 있었다. 둘 사이가 부러웠다. 그 호즈미 선생님이 전시회를 보고 오시고는 이렇게 말씀하셨다.

"전시회를 다 보고 나오려는데 기쿠타케가 서 있는 것이 보였다." 그런데 그때 기쿠타케는 지금까지 한 번도 본 적이 없는 심각한 얼굴이어서 감히 말을 걸 수 있는 분위기가 아니었다. 그곳이 '교토국제회관'의 모형 앞이었다고 한다.

몇십 년 전의 콤페가 아닌가. 반세기 이상 시간이 지났다. 그런데도 친구가 말을 걸 수도 없을 정도로 노기를 느낀 것은 아직도 분이 삭지 않은 모양이었다.

그 콤페 안은 기쿠타케 키요노리 그 자체라고 해도 좋았다. 그때까지의 건축 인생을 통틀어 거기에다 털어 넣은 것은 아니었을까. '절정기'라는 말이 있다. 그야말로 기쿠타케의 그것이었던 것은

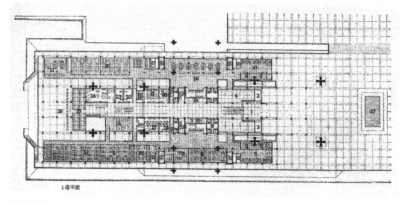

1층 평면도

아니었을까.

하지만 낙선했다.

1등의 오타니 안은 아무튼 좋았다. 그것과 비교하는 것은 아니다. 아마도 그따위는 기쿠타케의 안중에는 없었을 것이다. 다만 자기의 설계가 왜 낙선했나. 기쿠타케의 머리에 맴도는 것은 그것뿐이었다.

'대회의장'을 1층에 두지 않고 위층으로 가지고 간 것에 대해 "방문객을 엘리베이터로 로비에서 위로 오르게 한 것은 적당하지 않다"고 심사위원이 지적했다. 그것이 2등이 된 이유인지는 모르겠지만 아무튼 그렇게 지적을 받았다. 그것에 대한 분노가 반세기 이상 가라앉지 않은 것이 아닐까.

설계의 취지나 주장이 통하지 않은 것은 어디서든 있는 일이다. 하지만 집념으로 끝까지 지니고 있는 일은 어디서든 볼 수 있는 것이 아니다. 콤페는 잔혹하다. 때로는 건축가의 인생에 커다란 충

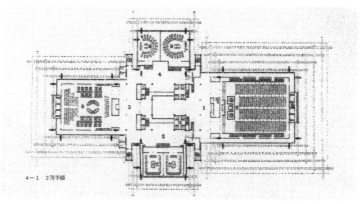

2층 평면도

격과 치유되지 않는 상처를 주는 일이 있기 때문이다.

　그 시기를 기쿠타케의 '변곡점'으로 보는 것은 잘못된 것일까.

　한편 1등 당선작의 오타니 사치오는 단게 연구실 시대 때에는 눈에 띄지 않았고 실제 설계에도 그다지 관여하지 않아서 이름이 거의 알려지지 않았다. 이 콤페 이전에는 '도쿄도 아동회관' 정도였다. 작품다운 작품은 없었다. 이 콤페로 '단게 연구실 출신'으로서는 단박에 스타 건축가로 등장했으니 다들 놀랐다.

　그런데 오타니 만년이었지 아마, 나는 어느 잡지의 일로 인터뷰를 하기 위하여 그와 만나는 기회를 얻었다.

　초면이었다.

　'교토국제회관'은 저 비스듬한 기둥, 전부 콘크리트 잔다듬 마감이더군요. 그 당시 단게 켄조는 노출 마감이었지 않습니까. 노출 콘크리트 마감 전성기라….

　인터뷰를 마칠 무렵 짓궂게 또 가볍게 물어보았다.

105

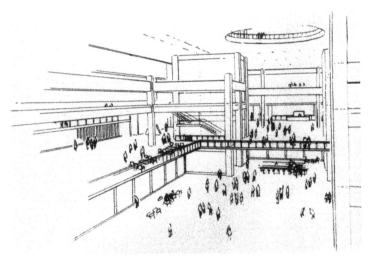
투시도

그러자 매우 진지하게 "단게 선생님의 노출 마감이 싫었던 겁니다"라고 한다.

나는 놀라서 귀를 의심했다. 아직 단게 선생님이 살아 계셨을 때였다. 그런데도 초면인 내게 그렇게 말하다니. 그러고 나서 "단게 선생님 건축은 차갑다. 건축에는 만드는 사람의 온기가 느껴지지 않으면 안 된다"는 등 단게 비판을 장황하게 늘어놓았다.

새삼 오타니의 건축을 조사해보았다. 가나자와(金沢) 공업대학, 기타사토(北里)대학은 모두 노출콘크리트 마감이었다. "콘크리트 노출 마감은 싫다"고 말한 것을 내가 잘못 들었단 말인가. 이 건축가는 자기 고집과 집념이 없었던 것일지도 모르겠다.

시간도 없으면서
어찌하여 콤페로 했단 말인가

일본 무도관

국기 종합회관을 건설하는 것

1962년 도쿄도 인구가 1,000만 명을 돌파하고 이래저래 좋은 얘기도 많이 들려오곤 해서 일본은 분위기가 좋았다. 2년 후, 올림픽 도쿄대회 개최가 결정되어 있었다.

그때 결의안 하나가 여당 야당이 공동으로 해서 중의원에 제출되었고 만장일치로 가결되었다. 여·야당 만장일치는 국회 역사상 드문 일이었다. 그 결의안이란 '국기(國技) 종합회장 건설'이다. 다가오는 도쿄올림픽을 계기로 국기 종합회관을 건설하자는 것이다.

일본에는 법령으로 정해진 국기라는 것은 없다. 그런데도 일반적으로는 국기를 스모라고 생각하고 있다. 근데 스모 경기장인 국기원은 따로 있지 않은가. 허나 그건 그렇고 하면서 두루뭉술하게 놔두고, 일은 진행되었다. 국회에서 제안 이유로 이런 연설이 있었다.

세계올림픽 대회가 일본에서 개최되는 것을 계기로 국기 종합회관을 건설하려 하는 이유는, 첫 번째는 유도 경기장으로서, 두 번째는 검도와 궁도 등 그 운동의 실태가 정의와 평화를 큰 이상으로 하고 있다는 것을 세계의 사람들이 알 수 있도록 하기 위한 데몬스트레이션의 장으로서 자칫하면 일본 무도가 군국주의와 일맥상통한다는 일부 사람들의 오해를 불식하려는 것입니다.

이것은 국회 중의원 회의록에 남아 있는 제안 연설의 일부다. 이 연설의 전문은 생략하는데 다음에도 길게 이어졌다. 그리고 표결에 들어갔는데 만장일치로 가결되었다. 문부대신의 다음과 같은 발언으로 회의를 마쳤다.

정부로서는 결의 취지를 존중해서 충분히 검토하도록 하겠습니다(박수).

이 말이 중요하다. 문부대신의 '확약'은 지금부터 있을 수많은 난관을 돌파할 때 힘이 된다. 그리고 또 하나 더 중요한 것이 있었다. 이 도쿄올림픽에서 유도가 새로운 종목으로 채택되었다.

실무적인 일이 착착 진행되었다

1962년에 설립이 허가된 재단법인 일본무도관(회장: 쇼리키 마쓰타로正力松太郎)은 건설소위원회를 발족한다. 위원장으로 마쓰마에 시게요시(松前重義)가 취임한다. 그리고 건설설계심의위원을 다음 6명에게 위촉하고 지도와 협력을 요청했다.

　　나이토 타츄(内藤多仲, 와세다대학 명예교수)

　　호리구치 스테미(堀口捨己, 메이지대학 공학부장)

　　다니구치 요시로(谷口吉郎, 도쿄공업대학 교수)

　　요시다 이소야(吉田五十八, 도쿄예술대학 명예교수)

　　무토 키요시(武藤清, 도쿄대학 공학부장)

　　모리타 케이치(森田慶一, 교토대학 명예교수)

　　국기 종합회관을 올림픽 경기장으로 하자는 것인가? 어쩌자는 것인지 확실하게 못을 박지는 않고 국기 종합회관의 건설을 재촉하는 움직임이 활발하게 추진되었다. 무도 관련 단체도 올림픽까지는 완성되게 해 달라고 요청하게 된다.

　　그러나 어찌된 일인지 올림픽에서 새롭게 채택된 유도의 경기장을 '무도관'으로 한다는 것은 정식으로 결정되지 않았다. 실은 이게 중요한 것인데 결정을 한 것은 무도관을 건설한다는 것까지로, 그것을 올림픽 유도회장으로 사용한다는 것까지는 결정하지 않았다. 올림픽 담당 국무대신인 가와시마 쇼지로(川島正次郎)도 "올림픽에 사용하도록 무도관 건설을 추진하고 싶다"는 것까지는 말을 했지만 유도회장으로 사용한다고는 하지 않았다.

　　그것은 매우 핵심적인 부분이었지만 어정쩡한 채로 두고 주위 상황을 추슬러갔다. 하지만 가장 중요한 것인데, 부지를 어디로 할 것인지 결정해야 하는데 그게 난항을 거듭했다. 당시 건설부지 후보로 5개소가 거론되었다. 하지만 모두 들먹였다가는 사라졌다. 결국 '기타노마루 적지(北の丸跡地)'로 결정했다. 1963년 6월이었다. 올

림픽이 열리기 1년 전이었다. 올림픽의 다른 시설은 1년 반이나 이전에 설계가 시작되어 착착 진행되고 있었다.

재단법인 일본무도관으로서는 어떤 수단을 사용해서라도 새로 만드는 '무도관'에서 도쿄올림픽부터 올림픽 경기 종목으로 채택된 유도 경기를 하고 싶었다. 하지만 이 시점까지도 그게 정식으로 결정되지 않았다. 재단법인 일본무도관은 도쿄올림픽조직위원회에 정식으로 요청을 한다.

"일본이 건설학계 권위자와 협의한 결과, 올해 9월에 착공을 하면 개막식까지는 수용인원 15,000명의 경기장을 건설하는 것이 가능하다는 기술적 결론을 얻었으므로 온 힘을 다해 건설을 위한 준비에 착수했다" 그러니 "이제부터 건설되는 무도관을 올림픽 유도와 무도의 전용회장으로 제공하고 싶다"면서 정식으로 요청했다.[《일본무도관 30년사》, (재)일본무도관, 1994]

이 제안을 한 것은 7월 2일인데 공사 공기로 보면 2개월 안에 착공해야 하는 시기였다. 부지가 이제 막 결정되었는데 괜찮을까. 설계도 아무것도 결정된 것이 없으니 괜찮을 리 없다.

올림픽의 정식종목이 된 유도 경기장을 무도관으로 하려는 것은 재단법인 일본무도관과 무도 애호 국회의원들의 일관된(암묵의) 목표였다. 회장인 쇼리키 마쓰타로도 "무도관은 올림픽만을 위한 시설이어서는 안 된다"고 '이상적'인 것을 말하고 있는데 역시 목표는 올림픽 유도장이었다. 그 이유로 보통 사람들은 생각지도 못하는 정치적 산법이 있었을지도 모른다. 실은 올림픽 유도장으로 사용하고 싶다는 희망은 재단법인 일본무도관만 그랬지, 웬일인지 도쿄올림픽조직위원회는 미적대고 있었다.

일본무도관 출처: 위키미디어 커먼스

　사태는 애매하게 내버려 둔 채로 진행되고 있는 듯이 보였지만 실은 어처구니없는 일이 벌어지고 말았다. 도쿄올림픽조직위원회는 먼저 다른 시설의 공사를 착수하고 있었다. 만사가 착착 예정대로 진행되고 있었다. 더구나 단게 켄조가 설계한 종합체육관을 유도 경기장으로 사용한다는 계획도 추진되고 있었다. 이 종합체육관은 기시다 히데토의 주선으로 단게에게 설계를 맡긴 야심찬 건축이다. 그러니 여기를 유도 경기장으로 하면 한층 더 각광을 받게 될 것이다.

　귀를 의심하게 하는 희한한 기획이다.

　대회 일정은 유도는 수영 경기 이틀 후였으므로 수영 경기가 끝나고 나서 곧 바로 하루 반나절 공사로 풀장 위에 판을 깔고 특설 유도 경기장을 만든다는 계획이 세워져 있었다. 그러자 재단법인 일본무도회가 잠자코 있지 않았다. 지금까지 어정쩡한 채로 추진해왔던 것을 하루아침에 뒤집어버렸다. 기록이 남아 있다. 1963년 7월 5일에 열린 중의원 올림픽준비촉진특별위원회 의사록이다. 조금 장황하지만 그대로 옮겨 둔다. 실로 재밌다.

다나카 에이이치(田中栄一, 중의원, 올림픽준비촉진특별위원회 이사, 재단법인 일본무도관 이사, 사무국장): 제1회 올림픽 유도 시합이 일본에서 거행되는데 워싱턴하이츠에 새롭게 설치되는 수영장을 동시에 유도회장으로 겸용한다는 발표가 있었다. 입장 인원의 문제, 재정상의 이유로 수영장을 유도 시합장으로도 겸용한다는 것이라고 생각하는데…. 풀장 위에 시골 극장처럼 기둥을 세우고 그 위에 바닥을 얹고 다다미를 깐다는 것인데 국제시합이 될 수 있기나 하는지. 이 점은 중요한 문제이니 이참에 확실하게 회답을 구하는 바이다.

마에다 미쓰아키(前田充明, 문부성 체육국장): 문부성으로서는 이번에 새로 짓는 옥내 종합경기장은 수영, 유도, 배구, 이런 경기 종목을 하고, 올림픽이 끝난 후에는 빙상경기도 할 수 있도록 고려하고 있는데 이것은 조직위원회를 비롯하여 관계 스포츠 단체 등과도 협의를 한 다음 이렇게 사용하려고 결정한 것입니다. 따라서 오늘까지는 수영 경기가 끝나면 거기에다 판재를 깔고 그 위에서 유도를 할 수 있도록 바닥을 만들어서 경기를 한다는 것으로, 우선 결정을 한 것입니다. 하지만 여러 가지 관점에서 생각해보았는데 결점이라는 것을 말씀을 드리자면 수영 경기가 10월 18일까지 하고 그 뒤 20일부터 유도경기를 해야 하는데 그 사이에 유도 경기장을 만들어야 합니다. 아무래도 시간이 촉박해서 선수들이 시합장에서 연습할 수는 없다는 점입니다. 이런 제약도 있고, 또 수영장에는 다이빙 풀장의 발판이라고 할까요, 그것을 항구적으로 만들어야 하는데 그것들을 어디다가 치워놓을 수도 없으므로, 환경면에서 말씀을 드리면 충분치 못하다는 비난을 피하기는 어렵습니다. 문제는 15,000명을 수용할 장소가 필요하다는 것입니다.

사토 칸지로(佐藤観次郎, 정부위원): 일본이 올림픽에서 최초로 경기 한다면 훌륭한 건물을 짓고 나서, 역시 일본의 유도는 훌륭한 것이라는 효과를 노려야 합니다. 동시에 세계 각국의 선수들이 모여드는데 그런 식으로 얼렁뚱땅 수영장 위에서 유도를 한다는 것은 세계의 비웃음을 살 거라고 생각합니다. 가와시마 국무대신은 올림픽 책임자이시니 어떤 생각인지 여쭙고 싶습니다.

가와시마 쇼지로(川島正次郎, 국무대신): 사토 위원과 같은 생각인데 가급적 독립된 경기장을 가지고 싶습니다. 다만 내년 10월로 다가온 올림픽에 맞출 수 있을지 문제가 있고 규모, 예산 등에 대해서도 검토를 하니 그 점이 걱정됩니다. 정부 생각은 만들고 싶다는 것입니다.

다나카: 이번 올림픽 유도 경기는 일본의 유도를 애호하는 사람은 물론 스포츠맨으로서 그야말로 획기적인, 역사에 남을 사항으로 우리는 영구적으로 기념할 만한 일이라고 생각하고 있습니다. 그런데 지금, 마에다 국장이 말씀하신 바와 같이 '수영장 위에 뚜껑을 덮고 그 위에서 유도 경기를 한다'는 표현이 우리로서는 견디기 힘든 것입니다. 이 말을 전국 몇백만이나 되는 유도인들이 들었다면 아마도 눈물을 흘리면서 울음을 터뜨리지나 않을까 합니다. 가와시마 장관은 유도에 대하여 비상한 이해가 있고 늘 원조를 받고 있습니다만, 나는 이러한 일본의 스포츠맨들의 기분을 제일 먼저 존중해야 한다는 것입니다.

훌륭한 유도장으로서 세계의 젊은이들을 끌어모아 일본의 유도는 결코 호전적인 것이 아니고 어디까지나 평화를 선호하는 스포츠라는 것을 세계에 선전하고 싶습니다. 이것이 무도를 애호하는 자의 바람이며 또 국민의 목소리입니다.

가와시마: 말씀대로 저도 그렇게 생각합니다. 실은 수영장을 손봐서 유도장으로 한다는 것은 1개월인가 2개월 전에 처음 들었는데 뭐 그따위 소릴 하나, 하고 저는 생각했습니다. 그래서 벌써 계획하고 있던 일본무도관의 사람들에게 제가 재촉했습니다. 도리어 제 쪽에서 부탁하고 모쪼록 이것은 일본무도관이 해야 하는 일이고 정부는 이것을 보조하는 것이므로, 예를 들면 20억의 예산으로 10억을 정부 보조, 10억을 일본무도관이 마련한다. 그 10억을 마련해달라는 것입니다. 일본무도관과 정부가 한몸이 되어 만들자는 것이 정말이지 저의 마음입니다. 우리도 열심히 하겠습니다. 일본무도관도 시동 엔진을 걸어달라는 겁니다.

아라키 마스오(荒木萬壽夫, 문부대신): 저도 하나하나 동감입니다. 이미 재단법인 일본무도관의 인가 관청으로서 결단을 내렸습니다. 이미 이것에 대해서는 1,000만 엔의 보조비입니다만, 대장대신(大蔵大臣)의 결단에 따라 또 초당파적으로 지원도 해주시고 해서 그 덕택에 이미 예산화하고 있습니다. 이것을 활용해서 무도관이 건설되고 세계 올림픽 경기를 일본에서 하게 될 경우 가급적 그에 맞추어 훌륭한, 그리고 고유의 무도관을 짓고 거기에서 정식 경기가 진행되고 다양한 공개모범 게임이 보여진다는 것은 국민 모두 바라는 바라고 생각합니다. 다만 현실적인 문제라면 공기도 매우 급박하다고 듣고 있습니다. 그러나 말씀하신 대로 단기 속성 공사로 하면 올림픽까지는 완성하지 못할 것도 없다고 전문가들이 말하는 것을 저도 듣고 있습니다. 다음은 일본국의 무도관에 대한 보조 예산 조치, 이것이 남아 있는 기본적인 과제라고 생각합니다. 문부성은 가급적 올림픽까지 완성한다는 생각으로 예산을 계상하려고 하며 바로 구체적인 검토를 하라고 지시하겠습니다.

약간 길어졌는데 이것이 중의원 올림픽 준비특별위원회 의사록 초록이다. 1963년 7월에 있었던 일인데 매우 다급한 상황이었다. 올림픽을 위하여 몇 개의 조직이나 위원회가 또 그들 사이의 알력이 어떻게 되어 있는지는 모르지만, 이 결과를 보면 도쿄올림픽 조직위원회가 결정한 "수영장 위를 뚜껑으로 덮고 다다미를 깐다"는 안은 국회의원과 대신들이 뒤집어 버렸다.

1년 후에는 무도관을 완성해야만 했다. 부지가 겨우 결정되었을 뿐인데 설계를 할 수 있을까. 건축가들은 걱정했다.

이상한 일이지만 진행되는 것을 잠자코 바라보고만 있던 건설 소위원회의 위원장 마쓰마에 시게요시는 자기 생각대로 되었다고 안심했을 것이다. 서둘러 콤페를 추진한다. 건물 완성까지 1년밖에 남지 않았는데 지금부터 콤페다. 실은 마쓰마에 시게요시는 소위원회가 만들어졌을 때부터 콤페로 하려고 생각했던 것이 분명하다.

그 뒤는 어디까지나 추측이다. 마쓰마에 시게요시는 정치가다. 그의 정치적 수완을 보면 이 추측은 결코 엉터리는 아니라는 생각이다.

언제 결정되었는지 확실하지는 않지만 "올림픽 시설은 콤페로 해야 한다"는 원칙이 정해져 있었던 모양이다. 하지만 도쿄올림픽

조직위원회는 올림픽 시설을 콤페로 하지 않고 단게 켄조와 아시하라 요시노부(芦原義信) 등에게 특명으로 발주하고 있었다. 조직위원은 도쿄대학의 기시다 히데토와 다카야마 에이카(高山英華), 와세다대학 출신의 무라타 마사치카(村田政真), 이 세 사람이 모든 것을 결정하고 시설 설계를 배분했다.

마쓰마에 시게요시는 일본무도관이 애초에 올림픽 경기장으로 계획되었다면, 당연히 도쿄올림픽조직위원회가 모든 것을 결정하고 있었으므로 기시다가 누구에게 설계를 맡길지 알 수 없는 노릇이었다. 하지만 마쓰마에는 이 설계를 어떻게든 맡기고 싶은 건축가가 있었다. 그러니 올림픽 유도 경기장으로 할까 말까 하고 우물쭈물 모호한 채로 일이 진행된 것은 기대하던 바다.

마지막까지 가서야 정치가들이 무도관을 정식 유도 경기장으로 결정하고 게다가 콤페로 한다고 했으니 기시다도 어쩔 수 없었다. "우리가 정할 테니 우리에게 넘겨"라고 할 수 없었다. 더구나 건축적으로는 "상식에 어긋난다"고 할 수 있는 단기간의 콤페였으므로 "우리에게 맡겨"라고 할 수 없었던 것이다. 완전히 마쓰마에에게 주도권을 빼앗긴 것이다.

심사위원은 이미 소위원회가 발족했을 때 건축계의 쟁쟁한 인사 6명을 위촉했다. 그러나 지명설계경기로 하면서 지명하는 건축가는 이 시점에서 비로소 발표되었다. 드디어 콤페가 시작된 것이다. 1963년 7월 17일이었다. 그런데 이상한 것이, 이날 《마이니치신문(每日新聞)》에 다음과 같은 기사가 게재되었다.

팔각형의 '무도의 전당' 도쿄올림픽 유도회장을 향하여 이번 가을 황거

건축관계자 모두가 놀랐다. 팔각형이라니 '콤페 지침'에는 없지만 따로 정해두었다는 말인가? 《신건축》은 3개월 후이지만 "신건축 뉴스" 란에서 의문을 던지고 있다. "팔각형이라는 것을 일본무도관 건설의 기본구상으로 설명하지 않았지만 사전에 제시된 것일까?"라고.

사전에 설명 또는 제시되었다는 자료는 없다. 야마다 마모루(山田守)가 설계 요지 설명에서 팔각형으로 했다고는 하고 있다. "유도경기장에는 동서남북 방위가 명시되는 형태가 필요하다"면서 사각형의 모서리를 잘라내서 팔각형으로 하는 것은 "관객의 평등한 시선계획에도 최적"이라고 한다. 다시 말해서 팔각형은 야마다 마모루가 발안한 것이라고 할 수 있다.

한편 정면성이 없는 이 형태(외형)는 부지가 정해지기 전이어서 어디서든지 주 출입구를 만들 수 있는 '절묘한 안'은 아닌가. 야마다는 자기가 지명 받을 것을 전제로 부지가 정해지지도 않고 우왕좌왕할 때 주도면밀하게 준비하고 있었다.

드디어 콤페가 시작되었다. 지명된 건축가는 5명이었다.

오에 히로시(大江宏), 닛켄설계(日建設計), 마쓰다 군페이(松田軍平), 야마다 마모루, 거기에다 마에카와 쿠니오.

그런데 마에카와 쿠니오가 사퇴했다. 이유는 "설계 기간이 너무 짧아서 양심적인 안을 만들어낼 자신이 없다"는 것이었다. 7월 17일 지명 설계 의뢰, 8월 13일 도면 제출이라는 실로 1개월 남짓의 기간이었다.

지금까지 마에카와가 참가했던 '히로시마 평화기념 카톨릭 성당', '도쿄 카테드랄 성 마리아 대성당', '가나가와현립 근대미술관'은 모두 3개월 이상의 설계 기간이 있었다. 아니 마에카와가 참가한 콤페가 아니라고 하더라도 통상 콤페에서 이 정도로 설계 기간이 짧았던 것은 없었을 것이다.

마에카와는 사퇴 이유를 '시간이 모자란다'고 했지만 본심은 콤페가 개시되면서 바로 "팔각형의 무도 전당"이라는 기묘한 기사가 실린 것으로도 알 수 있듯이 이미 누군가에게 이 콤페가 새어 들어갔고 사전에 누군가가 설계를 시작하고 있는 이른바 '당선안 내정' 콤페라고 미리 알아챈 것은 아니었을까.

콤페는 마감되었다. 예정대로 마에카와 쿠니오를 제외한 4명의 건축가가 작품을 제출했다. 마쓰마에 시게요시가 심사위원장이 되어 심사가 진행됐고 투표를 했다.

'심사 경과'는 공표되지는 않았는데,《신건축》의 기사 등 여러 경로로 들려오는 것을 모아보면, 투표 결과 6명의 심사위원 중 5명이 ㅇ씨 안(아마도 오에 히로시 안)을 밀었고, 1명이 야마다 마모루를 밀었다. 누차 말하는 것이지만 심사 경과 등이 전혀 공표되어 있지 않아서 처음부터 어떤 심사 방법으로 하려고 한 것인지는 알 수 없다. 암튼 심사위원장은 이것을 '예비심사'라면서 다음 날 결선투표를 한다고 했다.

응모한 설계안은 4점. 심사위원은 6인으로 투표 결과가 동수로 다툼이 있는 것도 아닌데 '다음 날 결선투표'라는 것은 실로 불가사의한 일이라고밖에는 달리 할 말이 없다. 게다가 '결선투표'가 되자 심사위원으로 새롭게 6명이 더해졌다.《신건축》도 "뉴스"란에서 의문을 드러내고 있다. "응모 규정에는 심사위원 6명의 건축가 이름이 있을 뿐인데 실제 심사에는 국회의원 6명도 들어와(이하 생략)"있다고.

6명의 국회의원은 재단법인 일본무도관 이사진인데 그들을 포함해서 '본 심사'가 이루어졌다. 본 심사에서는 국회의원 6명 전원이 야마다 마모루에게 투표했고, 건축가 1명의 표가 더해져 7대 5로 야마다 마모루가 당선했다.

불상사라기보다는 진기한 일이었다.

재단법인 일본무도관에서는 1994년에 《일본무도관 30년사》를 발행했다. 거기에 '건축의 경위'가 다음과 같이 기록되어 있다.

무도관의 건축설계에 대해서는 지명한 4개 건축가 사무실을 대상으로 지명설계경기를 하기로 하고 1963년 7월 16일 부지 결정과 동시에 설계를 위탁했다. 설계심사는 당시 톱 클래스의 학식 경험자와 당 재단이사 등 12인 및 고문 3인으로 구성된 '설계심사위원회'에게 의뢰했다.

한편 심사위원 및 경기설계 응모자는 다음과 같다. 학식 경험자 심사위원은 생략하지만 이사 6인과 3인의 고문은 다음과 같다.

[당 재단이사] 아카기 무네노리(赤城宗德), 마쓰마에 시게요시, 사토 요지로(佐藤洋之助), 이마마쓰 지로(今松治郎), 무라카미 이사무(村上勇), 기타바타케 교신(北畠教真) 6인

[고문] 우치다 요시카즈(内田祥三), 쓰보이 요시카츠(坪井善勝), 히라야마 타카시(平山嵩) 3인

심사는 마쓰마에 시게요시 위원장을 중심으로 15인의 심사위원에

의하여 엄정하게 진행되었다. 그리고 8월 19일 설계안이 결정된 것이다.

설계심사의 경위는 먼저, 8월 13일, 4개 건축사무실에서 완성한 응모 설계안이 후지제철 빌딩 일본무도관 사무실에 반입되었다. 다음 날 14일, 설계 심사회를 열고, 예비심사가 진행되었다. 8월 19일 최종 결정까지를 심사 기간으로 했다. 8월 19일 오전 10시 30분부터 심사위원회를 개회. 먼저 쇼리키(正力) 회장 및 마쓰마에 위원장의 인사가 있었고 이어서 각 심사위원이 각각 의견을 발표했다. 그 다음 마쓰마에 위원장이 "최종 심사 결과, 야마다 마모루의 설계안이 당선되었다"고 발표하면서 야마다 마모루 건축설계사무소 응모안으로 결정되었다. 경기 설계 발주 후 1개월 남짓 단기간이었으므로 곧바로 실시설계에 착수하기로 했다.

이상이 《일본무도관 30년사》에 실려 있는 설계 심사경위 보고문이다. 매우 구체적이고 상세한데 이것은 어디까지나 재단법인 일본무도관의 《30년사》의 기사로 콤페의 정식 경과보고는 아니다. 먼저 지명 건축사무소로 마에카와 쿠니오가 사퇴한 것이 기록되어 있지 않다. 심사위원도 《신건축》이 조사한 기록에는 심사위원은 "응모 규정에는 6명의 건축가"로 되어 있지만 이 《30년사》에서는 건축가 심사위원 6명 외 재단이사 정치가 6명이 이름이 나와 있고 거기에다 '고문' 3명, 합계 "15명의 심사위원에 의하여 엄정하게 진행되었다"고 쓰여 있다.

그리고 실로 교묘한 것인데 "8월 14일에 설계심사위원회 예비 심사, 19일 최종심사까지를 '심사 기간'으로 정했다"고 한다. 14일의 '예비 심사'는 지침에서도 발표된 건축가 심사위원 6명으로 표결했지만 야마다 마모루가 1표밖에는 얻지 못했으므로 19일까지 최종 결정을 미루고 그 사이 6명의 국회의원을 소집해서 19일 '최종 결정'을 내렸다. 여기에 이의를 제기하는 사람은 없었다. 마쓰마에 시게요시의 정치 수완이라면 이 정도는 아무것도 아니었던 것이다.

왜 그렇게까지 해서라도 마쓰마에 시게요시는 야마다 마모루에게 설계를 맡기려고 했나? 마쓰마에와 야마다는 체신청에서 함께 일했다. 마쓰마에는 통신 관계인데 야마다의 소속은 이른바 영선과로 우편국과 전신국 건축을 맡은 설계부서였다. 체신성이라는 곳은 우수한 건축가를 배출한 곳으로도 유명한데 야마다는 그 중 한 사람이라고 해도 좋다. 둘은 거기에서 만난 것이다.

야마다가 일곱 살 연상이다. 그는 제2차 세계대전 종결과 함께 체신청을 나와 설계사무소를 연다. 1950년, 마쓰마에가 설립한 신제(新制)* 도카이대학(東海大學)의 이사로 초빙되어 2년 후에 취임한다. 동시에 공학부 건설공학과(현재의 건축학과)가 설치되고 초대 주임교수가 되었다. 1955년, 마쓰마에 시게요시는 야마다 마모루에게 도카이대학의 '요요기(代々木) 교사 제1호관'의 설계를 의뢰한다. 이것이 도카이대학 관련 건물로는 처음 하는 일이었다.

마쓰마에는 야마다의 건축설계에 관해서는 전적으로 신뢰했다. 거의 야마다에게 일임했다. 협의를 할 땐 야마다의 일방적인 설

---

* 1947년에 제국대학 외 대학교육을 하고 있던 고등학교, 사범학교, 전문학교 등을 4년제의 대학(신제대학)으로 재편하는 법률에 따라 설치된 대학을 신제대학이라고 한다.

명으로 간단하게 끝났다고 한다. 야마다가 일곱 살이나 많았지만 언제나 경어로 말했고, 마쓰마에는 반말을 썼다고 한다. 그러나 이 것은 단순히 이 둘의 성격 문제로 일에서는 상하관계나 이해관계 로 그렇게 된 것은 아니다.

이 둘은 문경지교(刎頸之交)*의 사이였다.

야마다 마모루가 도카이대학에 초빙되고 몇 년 후 드디어 도 카이대학 쇼난(湘南)캠퍼스 교사군의 건설이 시작되었다. 모든 설계 는 야마다가 맡아 했다.

일본무도관 얘기가 나오기 시작한 것은 그 즈음이었다.

---

*   서로 죽음을 함께 할 수 있는 막역한 사이

당선작을 단번에 결정한 심사

도쿄 카테드랄 성 마리아 대성당

어떻게 했기에 그렇게 빨리 결정했나? 심사 결과가 바로 나온 것으로 유명한 콤페가 있다.

'도쿄 카테드랄 성 마리아 대성당'이다.

이 콤페도 심사 경과나 심사위원 강평 등이 일체 공표되어 있지 않지만 지명 받은 3팀의 설계안이 심사회장에 걸린 순간 바로 결정되었다고 전해진다. 오미 사카에도 책에서 "모든 설계안이 심사회장 안으로 들어온 순간 심사위원들은 바로 단게 켄조의 다이내믹한 설계안으로 결정했다고 한다"라고 쓰고 있다.

어떤 콤페였나?

1961년에 일본 카톨릭교회의 총본산인 카톨릭 도쿄 대교구의 거점시설을 건설하기 위하여 지명 콤페를 했다.

지명을 받은 것은 마에카와 쿠니오, 다니구치 요시로, 단게 켄조였다. 조건은 좌석 600석과 입석 2,000명이 예배 볼 수 있는 공간을 확보할 것. 2층에는 파이프 오르간 연주와 성가대원을 위한

100m^{2}의 공간을 마련할 것이었다.

그밖에 사교관, 사제관, 수녀원, 숙사, 탑 등 대교구로서 갖추어야 할 일련의 부속건물을 함께 설계할 것. 그리고 인접 도로(메지로도오리目白通り)와 광장을 적절하게 배치할 것이었다.

제법 복잡한 조건을 풀어야 해서 단순히 기념비와 같은 한눈에 든 인상으로 판단할 것은 아니라는 생각인데….

심사위원은, 위원장으로 와세다대학 교수인 이마이 켄지. 이마이는 대학교수이지만 학자라기보다는 건축 작가 그 자체라고 해도 좋을 정도로 활발하게 작품 활동을 하고 있었다. 그리고 도쿄대학 교수로 설계전공이라기보다는 계획학 전문인 요시다케 야스미(吉武泰水), 구조 전문가인 스기야마 히데요(杉山英雄). 교회 쪽에서는 독일인 건축가 1명과 신부 3명.

1961년 12월에 마에카와 쿠니오 등 지명받은 3인은 인사와 설명회를 위하여 대주교관의 회의실로 호출되었다. 이때 마침 단게 켄조는 MIT대학에 강의 차 나가 있었다. 대신 콤페 담당인 아쿠이 요시다카(阿久井喜孝)가 대리 출석했다.

자기 선생님(단게 켄조)의 대 선배인 마에카와와 심사위원장 이마이 켄지, 학생 때 수업을 들었던 도쿄대학 교수 요시타케 야스미도와 있었으므로 매우 긴장했던 모양이었다. 거기에서 건설의 취지라든가 지명하게 된 이유 등의 설명을 들었다. 이 설명회는 응모자에게는 중요한 것이다. 콤페의 취지나 교회 건축에서 무엇을 바라고 있는지를 설명했다.

심사위원장인 이마이로서도 교회 쪽의 희망과 취지를 들어두는 것은 중요한 일이었다. 히로시마에서 쓰디쓴 경험을 했다. 세계 평화기념 카톨릭 성당 콤페에서 교회 관계자와 의견 대립, 그것도 구체적인 형태를 앞에 두고 한 대립을 경험한 것이어서 마음에 깊이 남아 있었을 것이다.

카톨릭 교회가 뭘 하고 싶어 하고 또 건축이 어떻게 해 주기를 바라고 있는가, 충분히 알고 있었을 것이다. 이마이는 경건한 카톨릭 신자다. 히로시마 평화기념 카톨릭 성당 때 이마이는 어느 신부의 말씀을 인용하며 이런 글을 남겼다.

성당건축은 역사적인 양식의 계승만을 주장해서도 안 되고 또 세상
사람들을 깜짝 놀라게 할 정도로 주관적이고 혁신적인 실험을 시도하는
것을 카톨릭 성당에서 바라고 또 찾으려고 해서는 안 된다.

응? 이것은 말이 다르지 않은가. 보자마자 바로 결정한 단게의 안은 오미 사카에가 말한 대로 "여덟 장의 HP셸(Hyperbolic Paraboloid Shell)로 구성된 독특한 조형으로…". 이 디자인이야말로 "세상 사람들을 깜짝 놀라게 하는 주관적 혁신적인 실험"을 시도한 것이 아닌가. 건축을 말로 표현하는 것은 어렵고 또 허망하다는 느낌을 지울 수 없다.

"단게 켄조는 보통이 아니야"라고 했다

이때의 상황을 이마이 켄지 연구실의 젊은 스태프(당시 대학원생) ㅇ씨가 선명하게 기억하고 있다.

심사하는 날, 혼자 연구실에 있었는데 이마이 켄지가 연구실로 전화를 걸었다. 점심 때였는데 지금 들어간다는 것이었다. 점심 때가 다되어서 나가려고 하던 참이었는데 기다리기로 했다. 그날은 '카테드랄'의 심사가 있다고 들었는데 그게 점심 전에 마치리라고는 생각지도 못했던 것이다. 뭔가 잘못돼서 심사가 중단되었나 하고 그대로 기다리기로 했다.

와세다대학 건축연구실은 졸업설계 지도를 받는 학생과 대학원생, 졸업하고 나서도 취직하지 않고 그대로 연구실에 남아서 교수님 일을 도우면서 연구실에 소속되어 있는 젊은 사람 등 여러 종류의 사람이 들락거리고 있었다. ㅇ씨는 아직 대학원생이었지만 이마이 선생님 일을 도우면서 연구실에 붙박이로 있었다.

그날은 어쩌다보니 일찍 연구실에 나와 혼자 있게 되었다. 대개 점심이 지나서 연구실에 얼굴을 내민다. 기다리고 있자니 이마이가 돌아왔다.

"우아, 단게 켄조라는 사람 보통이 아니네."

라고 하면서 뭐라고 했던 모양이다. "점심은 아직이지?"라면서 그를 교직원 식당인 '오쿠마회관'으로 데리고 갔다.

"심사는 어땠습니까?"

"단게 켄조라는 사람 보통이 아니네. 보통이 아니야."

라고 아까와 똑같은 말을 되풀이했다.

"다른 두 사람은 어땠습니까."

그는 마에카와, 다니구치, 단게 이 세 사람이 다툰다는 것을 이미 알고 있었고 어느 건축가의 것이든 흥미가 있었다. 근데 이마이는 다른 것은 한마디도 하지 않았다. 그리고 뭐가 어떻게 좋았다고 하는 말도 하지 않았다.

이마이 켄지로서는 단게 켄조는 처음이 아니었다.

히로시마의 평화기념 카톨릭 성당 심사를 했을 때 단게의 안을 2등으로 했다.

이때도 단게의 안은 포물선의 셸구조로 "모던이라는 요소에 매우 강하게 영향을 받은 것"이라 하면서 "종교인이 요구하는 것에는 못 미쳤다"고 이마이는 썼다. 하지만 이때는 단게의 안과 흡사한 건축이 오스카르 니에메예르에 의하여 브라질에 만들어져 있었는데 그것이 교회 관계자들 사이에서 평판이 나빠서 1등을 주지 않았던 경위가 있었다.

그러나 이번 카테드랄은 더 강렬한 건축이었을 것이다. 또 얼마 전에 준공한 히로시마 평화기념관은 '도시의 코어'를 테마로 한 실현 사례로 국제적인 건축조직 CIAM으로부터 평가를 받아서 단게의 이름을 국제적으로 알리게 한 작품이었으므로 당연히 이마이 켄지는 알고 있었을 것이다. 어쩌면 '도시의 코어'라는 개념에 이마이는 그닥 흥미가 없었을지도 모르겠다.

형태적으로 명료한 HP셸, 더구나 공중에서 내려다보면 십자로 되어 있고 거기에서 실내로 빛이 들어와 독특한 '종교공간'을 만들어내는 것에서 '한눈에 반해'버린 것이다. 설계에서 요구하는 것은 부속시설도 몇 개 있고 부지도 바른 모양이 아니며 평면계획에서도 충분하게 검토해야 하는 것이다. 검토는 충분히 되어 있었던 것일까. '당선안 즉시 결정'으로 할 수 있는 문제는 아니라고 보는데. 사실 실제 설계에서는 부속시설의 배치가 콤페 안과는 매우 다르게 변경되었다.

도쿄 카테드랄 성 마리아 대성당 출처: 위키미디어 커먼스

I.M 페이, 루스 채플, 타이완 출처: 위키미디어 커먼스

콤페란 그런 것이다 라고 해야 할까.

새삼 드는 생각인데 이 건물의 설계는 왜 콤페로 한 것일까? 그리고 지명된 설계자 3인은 어떤 이유에서 지명되었던 것일까. 지명 콤페는 콤페가 아니라는 나라도 있는 모양이다. 지명 콤페의 경우, 지명된 건축가에게 매우 중요한 의미가 있을 것이다. 주최자의 의도를 알 수 있을 것 같기도 하지만.

이 3인은 작풍이나 건축 사조도 다르다. 유독 이 3인이어야 한다는 의미가 아무리 해도 보이지 않는다. 이 성당에 대해서 이 인선으로 무엇을 바랐던가? 흥밋거리이다. 하지만 그 결과 단게 켄조의 대표작 중 하나가 될 걸작이 탄생하였으니 콤페의 의미를 다시 생각하게 한다.

이 건축에는 또 다른 얘깃거리가 있다. 거의 같은 시기에 I.M 페이가 타이완에 '루스 채플'*을 지었다. 현지의 건축가들은 도쿄의 카테드랄 성 마리아 성당과 너무 닮았기에 그리고 시기도 겹치고 해서 "단게가 흉내를 냈다"고 하는 모양이다. 인터넷으로 알아보니 현지에서는 이 채플을 '자매건축'이라고 부른다고 한다. 단게의 '카테드랄'과 자매 관계라는 말이다.

이마이 켄지 연구실의 당시 스태프에게 물어보니 콤페 때 이미 이 계획안의 모형이 외국 잡지에 발표되어 있었고 단게 안을 본 순간, 이마이 연구실의 젊은이들 사이에서는 화제가 되었다고 한다. 내가 OB들에게 "이마이 켄지 선생님도 심사 때 알고 계셨나?"

---

* Luce Memorial Chapel. 중국어로는 **路思義教堂**(*Lùsī Yì Jiàotáng* 루쓰이쟈오탕). 교회당 이름 Luce를 루체, 루시, 루쓰로 부르지만 중국어로는 '루스'로 발음하고 있다. 1963년 완공

시즈오카시 체육관

물어보았더니 "글쎄"라면서 아무도 확인해 주지 않았다. 모르겠다
는 것이다.

이마이는 몰랐을 것이다. 만약 알았다면 그 전의 히로시마 평
화기념 카톨릭 성당에서 단게의 안이 오스카르 니에메예르 건축과
닮아서 고생했으니 제척했을 것이다.

이 콤페의 담당자 아쿠이 요시타카의 회상에 의하면 그가 단
게 연구실에 들어갔을 때 시즈오카시의 '시즈오카 체육관[1957, 구 슌
푸회관(駿府会館)]'이 거대한 HP셸을 하고 있었으므로 강렬한 체험을 했
고, 펠릭스 칸델라(Félix Candela)*의 작품집의 HP셸 작품에서 인상
을 받았다고 한다. "복수의 HP셸을 세로로 사용하는 것이 그로서

---

*   펠릭스 칸델라(Félix Candela, 1910~1997) 멕시코의 건축구조설계자. HP셸 구조를
    사용하여 구조와 표현이 일체화한 곡선의 곡면의 공간을 만들어내는 것으로 유명

는 비교적 일찍부터 하고 있었고 그런 모형을 40몇 개나 만들어서 단계가 돌아오기만을 기다렸다"고 했다.

다시 말해서 아쿠이가 속에 품고 있었던 HP셸이 빛을 봤다는 것인데 타이완의 페이가 만든 교회 모형 얘기는 아니라는 말이다. 실시설계 단계에서 타이완 교회를 안 가미야 코지(神谷宏治)가 이렇게 말하고 있다.

같은 시대에 I.M 페이의 루스 채플이 타이완에서 건설되었지만 그것은 볼품이 없다. 힘이 들어가지 않는 타일 마감이었다. 사진으로 보고서는 "엉? 이게 뭐야"했다. '카테드랄'과는 전혀 비교되지 않는다.

카테드랄은 외장재가 스테인리스스틸인데 콤페 때에는 프리캐스트 판과 같은 붙임재 줄눈이 표현되어 있었다. 스테인리스스틸로 가게 되기까지 우여곡절이 있었던 모양이다. 그런데도 콤페 심사가 단박에 끝났다니 알 수 없는 일이다.

한편 다른 두 사람, 마에카와 쿠니오, 다니구치 요시로의 응모안도 각각 실현했더라면 틀림없이 본인들의 걸작이 되었을 역작이었다. 실은 이 '카테드랄'은 애시당초에는 이마이 켄지가 설계를 하기로 했던 모양이었다.

《현대일본건축가전집》(산이치서방三─書房)의 이마이 작품 연보 속에 '세키구치(関口) 카톨릭 교회 성당 스케치 3제'라고 하면서 비고에 "도이(土井) 추기경의 자문 간청으로 만든 안"이라고 쓰여있다. 1958년이라고 하니 이마이 연구실 스태프 중에 선생님의 스케치를 봤다는 사람이 있을 것이다. 한편 이마이의 대표작이 된 나가사키의

이마이 켄지의 카테드랄 스케치를 본 적이 있는 사람은
당시 이마이 연구실 사람 중에는 몇 명이나 되는데
그중에서 비교적 선명하게 기억하고 있는 분에게 기억
속에 있는 스케치를 그려달라고 해서 받은 그림이다.

'26성인기념성당'은 처음에는 콤페로 하려 했다는 얘기가 있었다고 한다. 그것이 어떤 경위에선가 이마이가 설계를 맡아서, 그의 대표작이 된다.

건축가와 설계 일이라는 것은 그런 것이다. 콤페 기획도 그 계기는 매우 우발적이어서, 확실한 경위가 있는 것은 그닥 없지 않을까.

마감 임박 여유

최고재판소

콤페에 응모하려면 막대한 에너지가 필요하다. 노력과 금전이다. 과거 몇십 년을 되돌아보면 일본 전체에서 그 에너지의 총량은 아마도 천문학적 수치가 될 것이다.

콤페에는 꿈이 있고 행복한 시간이다. 젊은 건축가는 과감하게 도전한다.

스즈키 료지(鈴木了二)는 다케나카공무점의 설계부에서 일하면서 동료들과 콤페를 준비한 적이 있었다면서 교통이 편리한 곳에 아지트(일하는 거점)를 구해두고 설계부에서 일을 마치면 거기에 모여 콤페 준비를 했다고 한다(《건축가로 가는 길》, TOTO출판, 1997). 그는 다케나카공무점에서 일을 얼른 끝내버리고 회사를 나오면 설계부에서 함께 일하는 동료에게 피해가 가고 또 콤페 때문에 일찍 나간다는 말을 듣기 싫어서 도리어 다른 사람보다 더 늦게 회사를 나왔다. 대개는 마지막 전철을 탔다고 한다. 그때부터 거의 철야로 잠도 자지 않고 설계안을 만들고는 다음 날 아침 옷을 갈아입고 출근했다. 그것이 몇 주일이나 이어졌던 적도 있었다고 한다(약간 오버하고 있네요).

크건 적건 콤페에 대한 정열을 끝없이 얘기할 수 있는 우리 세대의 건축가는 많았다. 내가 다케나카공무점을 그만두고 대학원으로 되돌아왔을 때는, 마찬가지로 대학원으로 돌아온 기지마 야스시(木島安史)와 히로세 켄지(広瀬謙二)의 설계사무소에서 몇 년간 있다가 그만두고 대학원으로 돌아온 고바야시 치에코(小林智恵子. '오치에 상'이라고 불렀다)라는 여자 선배가 계셨다. 돌아온 3인조와 미국의 유명 가구 디자이너 조지 나카지마(中島)의 딸 미라 씨가 유학생으로서 와세다 대학에 와 있었는데 이 4명이 콤페를 했다.

오치에 상은 설계사무소를 하고 있었고, 이윤에 개의치 않는 배포가 큰 여성인데 그저 도면을 끄적일 뿐인 나는 그들과 달리 돈을 벌고 있어서 주위 학생들보다 돈이 있었다. 4명이 함께한 콤페인데 마감 1주일 전은 매일 밤샘을 해야 했으므로 오차노미즈(お茶の水)호텔에 방 2개를 빌려 방 하나는 일하는 방, 다른 하나는 잠깐 눈 붙이는 방으로 사용했다.

보통 학생으로서는 도저히 할 수 없는 것이다. 대개 연구실에서 숙식하면서 지냈다. 밥도 매번 배달시켜 먹을 돈이 없었으므로 컵라면으로 때웠다. 그런 분위기 속에서도 저 유명한 '나고시청사' 콤페에서 이기기도 했다. 콤페에는 꿈이 있었다.

가끔 콤페에 제출을 하고 함께 채소전골 같은 음식을 먹을 땐 고기는 보이지 않고 채소밖에 없었는데 다 먹고 나면 솥에 흙모래가 남아 있었다. 그러니 컵라면을 먹는 녀석들은 호텔을 빌려 콤페를 하는 우리를 경멸하고 있었다고 생각한다. '설계사무실 경력자'는 흙모래가 가라앉는 전골은 먹을 수 없는 사람이 되어 있었다.

최고재판소 요시다 켄스케 낙선안 사진 오하시 토미오

　1주일간 지낸 오차노미즈호텔에서는 모형도 만들었음으로 일일이 치우지 않았다. 호텔에는 청소도 하지 말라고 했다.

　콤페 마감은 통상 그 날짜의 소인이 필요하다. 그 부근의 작은 우체국은 오후 5시에 문을 닫았다. 좀 큰 우체국으로 가면 저녁 10시까지는 그 날짜의 소인을 찍을 수 있었다.

　마감 시간 마지막까지 호텔에서 작업하고 분초를 다투어 차에 싣고, 차 안에서 포장하고 주소를 적을 정도로 빠듯한 시간이었다. 무사히 보내고 나서 호텔로 돌아와 침대 위에 널브러져 있는 모형재료도 치우지 않고 방바닥에서 죽은 듯 잠에 빠져들었던 것을 기억하고 있다.

　'최고재판소' 콤페는 전후 삼대 콤페라고 할 정도로 거대하고 내용도 대단했다. 심사위원은 이토 시게루(伊藤滋), 사카쿠라 준조, 무라노 토고, 요시다 이소야, 가와키타 미치아키(河北倫明), 우에무라 코고로(植村甲午郎) 등. 건축가는 대가들이었고 그 외 문화인과 재계의 거물이 심사위원으로 선정되었다. 일본 건축계가 달아올랐다.

나중에 안 것인데, 단게 켄조, 마키 후미히코, 야마구치 분조(山口文象)도 참가했던 콤페였다. 나는 이 콤페를 내 사무실 스태프만으로 했다. 그리고 사무소의 명운을 걸었다.

그때는 이래저래 알아보니 도쿄역 앞에 있는 중앙우체국이 자정까지 우편물을 받아주고 그날의 소인을 찍어준다는 것이었다. 심야이므로 차로 가면 사무소에서 20분 거리다. 거기가 가장 늦게까지 버틸 수 있는 곳이라는 것을 알아냈다. 설계 기간은 몇 개월이나 있었다. 마지막 20~30분으로 어쩌자는 것인가 할지 모르겠지만 그게 콤페다. 마감 직전은 언제나 그랬다.

이때도 심야의 도쿄 거리를 달려 거의 12시 가까이 겨우 중앙우체국 로비에 뛰어 들어갈 수 있었다. 로비는 이미 만원이었다. 곧 입구 문이 잠겼다. 아슬아슬하게 들어갔던 것이다. 어찌된 일인지 알 수는 없지만 다들 당일 소인을 받으려는 건축가들이었다.

도면은 A1 크기라서 나는 반으로 접기로 했는데, 부피가 커서 그랬는지 통에 넣어도 보고 접어도 보고 하면서 도면을 꾸리는 데 시간이 제법 걸렸다. 순번대로 접수하느라 번호표가 배포되었다. 여기에 있는 사람들 모두를 처리하는데 1시간도 더 걸릴 것 같았다. 그러자 시간이 있어서 그랬던지 도면을 한 번 더 보고 싶어졌다. 우리뿐 아니라 다들 포장해 둔 도면을 풀어 헤치고 있었다. 바닥에 펼쳐놓고 연필로 수정하거나 도면을 붙이는 사람도 있었다.

당시는 CAD가 아니라 손으로 그렸으므로 모두 수작업이다. 신경 쓰이는 부분은 얼마든지 있다. 여기저기에서 바닥에 도면을 펼쳐 놓고 있는 모습이 볼 만했다.

창구에서 직원과 건축가가 옥신각신하는 광경도 있었다. 그 건축가는 도면을 A1 크기로 그대로 패널에 붙여서 보내려 하고 있었다. 그런데 그 크기는 지금 시간에는 접수를 할 수 없다고 한다. 아무리 사정해도 규칙이 그래서 어쩔 수 없다는 것이다. 초로의 건축가는 스태프와 함께 스티로폼에 말끔하게 붙인 도면을 커터칼로 반으로 잘랐다. 레이아웃이 엉망이 되었다. 아직까지 뇌리에 남아 있는 잔혹한 광경이었다.

드디어 우리 차례가 되어 창구에 섰다. 내 앞에 서 있던 신사가 잘 차려입은 단정한 모습으로 꼿꼿이 서 있었다. 우리는 바닥에 뒹굴면서 작업을 한 터라 더러운 청바지 모습이었다. 자세히 보니 그 신사와 함께 있는 서너 명의 스태프 같은 사람들 사이에 가지마(鹿島)건설 설계부에서 일하는 아는 사람이 있었다. 살짝 불러내서 물어보았다.

"누구?"

"오카다 신이치(岡田新一) 과장이다."

"…"

2주일 후 콤페 결과가 나왔다. 1등이 오카다 신이치였다. '콤페는 저래야 이기는구나'하고 어슴푸레 납득했다. 암튼 우리와 마찬가지로 12시 가까이에 뛰어 들어왔고, 우리와 마찬가지로 마감에 쫓기고 있었다.

건축설계는 '마감시간이 일을 마치는 시간이다'라고 한다. '이것하고 저게 다 그려지면 설계가 끝나는 것이다'가 아니다. 평상시에도 '여기까지'라면서 일어설 때가 '설계 끝'이다. 시간이 있으면 얼마든지 설계안을 생각하는 것이다.

마감 직전에 뒤집힌 것으로 가장 유명한 이야기가 있다.

'시드니 오페라 하우스' 콤페 얘기다.

1956년, 시드니 오페라 하우스 국제 콤페가 있었다. 세계 각국에서 모인 작품은 233점. 1등 당선은 북유럽의 예른 웃손(Jorn Utzon)이라는 38세의 무명 건축가였다.

그의 작품은 1차 심사 때 탈락했다. '파기되었다'고 한다. 그런데 지각을 한 에로 사리넨(Eero Saarinen)이 이 작품을 발굴해서 열심히 추천했다고 한다. 결국 1위가 되었다.

이것은 바다에 떠 있는 범선의 돛대 형태를 이미지화해 만든 것으로 컴퓨터가 없던 시대라 건설하는데 무척 어려웠던 모양이었다. 완성까지 14년이 소요되고 비용도 당초 예산의 14배가 되었다. 도중에 설계자 웃손이 사퇴하고 다른 건축가 그룹이 이어받아 완성했다. 세계유산으로 등록된 걸작이다.

콤페가 예사롭지 않았다.

제출 도면이 거의 완성되어 한시름 놓고 있을 때 웃손의 머리에 다른 형태가 떠올랐다. 바다에 떠 있는 돛이었다. '직전'이라고 하지만 몇 시간 전인지 며칠 전인지는 알 수 없지만 서둘러 도면을 다시 그렸다. 하지만 제대로 그려질 리가 없었다. 응모 지침을 지킨 도면은 완성되지도 않았고 모자란 것도 많았다고 한다. 그러니 심사위원들은 1차에서 탈락시킨 것이다.

그런데 사리넨은 거친 돛 형태의 스케치에 반했다. '이것이다'

하고 생각했는지는 모르겠지만 이 작품을 막무가내로 밀었을 것이다. 사리넨도 본인이 설계한 새가 날개를 펼친 모양인 '존 케네디 국제공항 TWA 터미널'과 '예일대학 아이스 호키 링'보다 나은 것이라고 생각해서 스스로 '한 방 먹었다'고 생각했던 것은 아닐까.

콤페 마감 직전에 있었다는 이런 드라마는 물론 더 이상 들어 보지 못했다. 사리넨이 웃손 안을 만난 것도 기적이라고밖에는 달리 할 말이 없다. 콤페의 '마력'이라고 해야 할까.

나는 '최고재판소' 콤페에서 낙선했다. 빚더미에 앉았고 설계 사무소를 닫았다.

콤페의 신이 내려보내준 자인가
아니면 별종인가

나고시청사

일본열도 최남단에서 부르다

나고시(名護市)에서 발행한 《응모작품집》은 심사 결과를 실었는데 에메랄드 바다의 파란색 표지에 오키나와(沖縄) 지도가 도려내져 있다. 내가 가지고 있는 작품집은 약간 낡았는데 파란색에 작은 흠이 생겨서 어느 것이 흠이고 어느 것이 오키나와인지 알 수 없게 되어 있었다.

일본열도의 최남단에 있는 이 작은 섬에서 일본 건축계를 뒤흔든 콤페가 있었다. 응모작품 수 총 308점으로 응모자의 이름을 보면 젊은 건축가는 물론 쟁쟁한 건축가도 있다.

이 콤페의 매력은 무엇이었나?

오키나와가 일본 본토로 복귀하고 7년째가 되는 1979년에 있었던 콤페였다. 나고시 시장은 콤페를 개최하면서 이렇게 인사말을 했다.

아열대라는 풍토와 나고의 지역성을 아낌없이 살리고 나아가 시민이
스스럼없이 지낼 수 있는 건축을 이 땅 한 곳에 만들어 그것으로
지역자치라는 것을 소박하지만 우리들의 것으로 하려 합니다. 여러분도
함께 찾아보지 않으시겠습니까.

그리고는 "여러분의 뜨거운 마음을 담은 제안을 보내주시기를
바라마지 않습니다"라고 했다.

1979년이면 건축계는 근대건축에서 빠져나오지 못하여 새로
운 땅을 찾아서 헤매고 있을 때였다. 그때 이런 콤페가 나온 것이다.

나고시 시장의 짧지만 매력 있는 호소에 건축가들은 깊이 감
동했다.

일본에 살고 있으면서도 대부분의 건축가에게는 생소한 '아열
대'라는 풍토. 또 패전 후 지금까지 완전히 스타일이 정착해버려 경
직되기 시작한 청사 건축. 그것에 대해 "지역성을 맘껏 살려" 달라
고 하면서 "시민들이 스스럼없이 지낼 수 있는 건축을 이 땅 한 곳
에서 만들어 주십사"하는 목소리가 일본 최남단에서 들려왔다.

이것은 교착상태에 있던 건축계에 정말이지 큰 울림을 주었
다. 건축은 지역성, 풍토성, 환경이 중요하다는 것. 또 양식화에 매
몰되지 않고 새로운 청사 건축의 모습을 다시 그려야 한다는 것. 당
연하다면 당연한 건축설계 이념을 다시 인식하게 하는 콤페가 시
작된 것이다.

설계안 제출이 마감되고 뚜껑을 열어보니 이 콤페의 매력이
더욱더 빛나보였다. 1등 당선안이 이채로웠다. 이 정도의 설계안이
나와야지 콤페로 하는 의미가 있다. 대부분의 낙선자가 이렇게 생

나고시청사, 우치다 후미오(內田文雄) 제공

각했을 것이다. 건축주와 함께 설계안을 만들면 누구라도 어느 정도는 만들 수 있다. 요컨대 흠잡을 데 없는 설계안이 1등이 되었을 때 낙선자들은 다들 실망한다. 그런 것이 아니라는 것이 콤페다.

1995년에 발간된 《건축설계경기선집》의 "나고시청사" 편에 나는 다음과 같이 썼다.

1등에 당선한 조(象)설계집단(Team Zoo)은 이전에도 오키나와에서 일을 한 적이 있어서 역사, 환경, 풍토, 지역성을 충분히 숙지하고 있고 또 그것을 십분 살려내고 있다. 이때는 이미 청사 건축 스타일이라는 것이 정착되어 있어서 어떤 땅에 건축되더라도 한눈에 시청사라고 알 수

오키나와의 시사와 아사기 테라스,
우치다 후미오(內田文雄) 제공

있는 일종의 표준화된 외피 디자인, 근대화된 오피스 스페이스… 그런
것을 완전히 깨부수는 것이었다.

그들은 먼저 '나고 방식'이라는 새로운 시청사 공간을 지금까지의
뻔한 로비, 시민 홀 대신 외부공간을 소중히 다룬 '아사기테라스'*로
제안했다. '바람의 길'과 처마로 기후·풍토를 조정하고 독자적으로
개발한 블록으로 지역의 표정을 연출하는 등 밀도 높은 제안을 했다.
그 결과 독특한 외관을 만들어냈으며 지역성을 구현하는 건축을 완전히

---

* 오키나와에서 아사기는 신이 내려오는 장소를 가리킨다. 마을의 공동 공간으로 벽이
  없고 사각형의 지붕을 올린 건물이다. 시청사의 테라스를 시민의 공동공간으로 사용하
  도록 하려는 의도로 누구나 사용할 수 있는 공간으로서 아사기를 콘셉트로 설계했다.

확립했다. 역사에 남을 가슴 울리는 콤페였다.

이 콤페가 있고 나서 16년이나 지나서 쓴 글이지만 다시 읽어
보니 지금도 아직 그때의 흥분이 가라앉지 않고 여운을 느낄 정도
로 짜릿한 콤페였다.

미리 말해두지만 나도 이 콤페에 응모했다.

"엘리베이터는 설치하지 않는다"는 조건

그래서 당시의 일은 잘 기억하고 있는데 맘에 걸리는 것이 두
어 개 있다. 그것은 콤페 요강에 실려 있는 설계지침이다. 먼저 "층
수는 3층(4층도 가능)"으로 한다. 그런데 "지하층과 엘리베이터는 설치
하지 않는다"고 되어 있다. 그리고 이렇게 덧붙인다.

"사회적 약자에 대한 배려" 공공건축에서도 이제 겨우 사회적 약자에
대하여 배려를 하게 되었다. 그러나 단순히 신체장애인용 화장실을
설치하고 입구 부분을 배려하는 정도로 그쳐서는 안 된다. 이분들이
손쉽게 청사를 이용하고 또 거기에서 일할 수 있는 건축을 생각해 달라.

이것과 "엘리베이터는 설치하지 않는다"는 조건과의 관계를
어떻게 생각해야 할까? 청사는 단층이 아니다. 3~4층 규모가 된
다. 또 지침에는 없지만 '시청사 등 건설위원회'의 의견으로서 '창구
업무는 1층에서'라고 덧붙여 있다. 청사에서 일하는 직원은 2, 3층

에 가지 않아도 되는 것인가?

'건설위원회'는 2년 전 각계각층의 시민으로 구성된 조직인데 이 위원회가 부지 선정부터 설계 내용의 골자까지 검토해서 만든 모양이었다. 이 지침에 대해서 응모자는 당연히 의문을 품었다. '질의응답'에서 질문이 터져나왔다.

질: 엘리베이터는 설치하지 않는다고 하는데 신체장애인용 엘리베이터, 서비스용 엘리베이터도 설치하지 않는다는 것인가?

답: 지침 그대로다.

질: "엘리베이터는 설치하지 않는다"와 "사회적 약자에 대한 배려"는 상충되지 않는가?

답: '배려'란 엘리베이터만으로 된다고는 생각하지 않는다.

문: 의회를 3층에 둘 때, 신체장애인의 의회 방청은 어떻게 하나?

답: 시민, 시 직원이 최대한 도움을 줄 것이다.

질: 엘리베이터를 설치하지 않는다면 3층까지 경사로를 설치하나? 그것으로 사회적 약자에 대해 배려를 했다고 할 수 있나?

답: 응모자가 그 배려에 대해 제안해 주기 바란다.

질: 휠체어의 상하 이동, 화물 운반, 쓰레기 처리, 위층 주방의 서비스 등 엘리베이터가 없으면 불편한데도, 그런데도 엘리베이터, 리프트는 필요 없나?

답: 지침 그대로.

질: 경사로를 만들 경우 시로서는 몇 %를 생각하고 있나?

답: 응모자가 제안해 달라.

질: 엘리베이터를 설치할 수 있나?

답: 지침을 읽어 달라.

질문 하나하나가 응모자 누구나 가지고 있는 의문일 것이다. 그런데 답변 내용은 웃을 수밖에 없는 것이었다. 중앙관청의 능숙한 관료가 한 국회 질문에 대한 답변이라고 하면 그렇겠거니 하겠지만, 이런 쌀쌀맞은 답변을 정말로 나고의 각계각층 시민들로 구성된 시청사 등 건설위원회에서 했을까. 애초 시장이 "시민이 스스럼없이 지낼 수 있는 건축을 이 땅 한 곳에서 만들어 그것으로 지역의 자치라는 것을 조금이라도 우리들의 것으로 하기 위하여 우리 함께 찾아보지 않으시겠습니까"라고 한 그 마음은 이 회답에는 털끝만큼도 반영되어 있지 않았다.

나도 응모자로서 생각을 해 보았다. 이게 현실적인 비용 문제인가? 아니면 '정신'의 문제인가?

먼저, 신체장애인이 2층 이상 올라가지 않고 의회의 모습을 1층에서 방청할 수 있는 '시스템'을 생각한다고 해도 위층에서 이루어지고 있는 생생한 의회의 분위기를 영상으로 전달하는 것은 불가능하지 않을까. 또 장애가 있는 직원에게 1층에서만 근무하라는 것은 그것이야말로 차별이 아닌가.

경사로를 만들었다고 하자. 이 건축의 경우, 1층은 '민원 창구 업무'를 하는 곳이므로 의회는 2층이나 3층에 두어야 한다. 대체로 최상층에 두는 것이 계획상 자연스럽다. 그러자면 3층까지 휠체어로 오르게 해야 하는 데 그건 힘이 많이 들 것이다. "이들(보행 곤란한)이 극히 용이하게 청사를 이용하고"라는 말과 모순된다. 직원이 의회가 개회될 때마다 일일이 보조해 주는 것도 불가능할 것이다. 남

나고시청사의 바닷쪽 정면으로 뻗어 나온 경사로와 경사참의 지붕

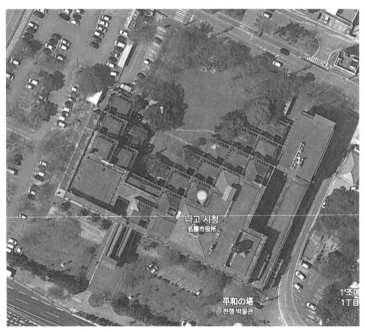

나고시청사 출처: 구글어스

쪽나라 시청은 특수한가?

그건 그렇지만 경사로를 만드는 비용과 엘리베이터를 만드는 비용을 비교는 해 보았을까? 토지 비용과 공사비, 엘리베이터 설치비와 비교해도 그 편리함을 무시할 정도로 차이가 있는 것인지. 물론 유지비를 고려해서다.

당선안은 건물 안에 경사로를 설치한 것이었다

당선한 조설계집단의 안은 어땠나?

그들은 의회를 3층에 두고 있다. 그러나 1층이 2개 층 높이이므로 실제의 거리(높이)는 4개 층만큼 위로 올라가 있다. 그것을 실내에서 경사로를 두 번 접어서 최상층까지 오르게 한다. 더구나 경사로의 위치가 의회와 반대쪽에 있어서 최상층에서 복도를 지나 반대쪽 의회까지 가야 했다. 건강한 사람들은 계단 바로 옆에 방청석 문이 있지만 경사로에서는 너무 멀었다.

그런데 실시설계 후 실제로 완성한 건축을 보니 경사로가 코끼리 코처럼 바다 쪽 파사드 중앙에서 뻗어 나와 있었다. 강렬한 인상이다. 바다 쪽은 우회도로가 지나고 있다. 멀리서 보면 말로 다 하기 힘들 정도로 매력적이다.

이 건물의 파사드는 그림으로 그리면 단순한 그리드 면이지만 착색 블록의 색도 그렇고 그리드의 교차점에 세워둔 오키나와의 상징인 도자기로 만든 시사*가 오키나와를 상징하는 특징이 되어 있다. 그 중앙에 경사로가 튀어나와 있고 그 끝의 경사로 참에 오키나와의 특징적인 기와지붕을 올렸다. 이 건물의 바다 쪽 파사드를 결정짓고 있다.

콤페 제출 때는 실내에 있던 것인데 실제 건물에서는 느닷없이 정면으로 나와 있다. 어찌된 일인가. 멋지게 바뀐 '실시설계'에 놀랄 뿐이다.

당선안 단계에서는 이 경사로가 실내에 덩그러니 놓여 있었는데 완성된 것에서 경사로는 지붕도 없이 건물 한가운데에서 튀어나오는 형태다. 뭔가를 상징하는 대담한 모습이다. 이 '조형의 매력'을 부정할 사람은 없을 것이다. 몇 번이고 하는 말이지만 콤페 당선안이 도중에 바뀌는 것은 흔한 일은 아니다. 그것은 콤페뿐 아니라 이른바 '기본계획'이 '실시설계'에서 현실 상황에 맞추어 변경하는 것은 자연스러운 설계 행위이다.

하지만 이 콤페는 "신체장애인에 대한 배려"라는 점에서 많은 의문을 지닌 채 시작되었다. "엘리베이터는 설치하지 않는다"는 조건이 있었다. 더구나 "단순히 신체장애인용 화장실의 설치나 입구 부분의 배려 정도로 그쳐서는 안 된다." "(장애 있는 사람들이) 거기에서 일할 수 있는 건축을 제안해 달라"는 요청이 있었다. 콤페 응모안 단계에서 정원 한가운데를 가로지르는 조형이었다면, 당연히 비나 바람이 센 날은 어떻게 할 것인가 하고 심사위원이 비판했을지도 모른다. 그럴 거라고 생각은 한다. 먼저 그런 조형 우선 안으로는 승부를 걸지 않는다.

이런 지침을 만든 나고시청사 등 건설위원회는 콤페와 함께

---

* 오키나와에서 액막이로서 지붕에 붙여 놓는 옹기로 된 사자상

해산한 것일까. 실시설계 단계에서 논의(혹은 체크)는 없었던가. 아니면 당선자라는 '승자'에게는 입을 대지 않는다면서 배려한 것일까. "엘리베이터는 설치하지 말아 주세요"라는 어려운 문제의 해결책이 이것이었나? 이 경사로는 강풍과 폭우 때는 어쩌자는 것일까. 신체장애인이 휠체어를 굴리면서 올라가는 모습은 상상할 수도 없다.

'질의응답'에서도 당연하게도 "엘리베이터는 설치하지 않는다"는 것에 관하여 질문이 집중했다. 하지만 그 질문 모두를 "지침 그대로"라면서 제척했다. 기댈 데가 없었다.

다른 응모안을 봐도 '절묘한 해결' 안은 경사로 이외는 없었다. 질문에서 "엘리베이터는 설치하지 않는다"와 "사회적 약자에 대한 배려"가 모순되지 않는가? 라는 질문에 "'배려'란 엘리베이터만은 아니다"라고 했다.

다른 무슨 방법이라도 있다는 말인가. 정신론이 아니고 상하층의 이동을 위해 엘리베이터보다 합리적이고 기능적인 수단이 있다면 콤페가 끝나고 나서도 그것을 표명해야 했다. 엘리베이터가 아니라면 위층에 가지 않고 모든 것을 1층에서 해결하는 시스템은 어느 정도는 AI로 생각할 수 있지만, 비용과 실용성을 생각하면 엘리베이터보다 낫다고 할 수 없을 것이다.

또 심사위원들은 문제가 없었던가?

생각은 했을지 모르겠지만 콤페 뒤에 나온 강평에 이 문제가 전혀 나오지 않았던 것을 보면 건축 콤페를 다투는 평가에는 관계가 없었던 것 같다. 이 건축을 나고에서 실제로 사용하는 지역 주민들은 구체적으로 관심을 가져야 하는 문제였던 것이다.

비가 오는 날, 휠체어의 직원이 위층에 서류를 가지고 가야 할 때 다른 직원이 대신 계단으로 올라가서 전해준다, 그런 모습을 상상하는 것은 여기서는 필요하지 않은 걸까. 단순히 지침을 만들었다는 건설위원회의 생각에 문제가 있었던 것일까. 심사위원은 깊이 생각하지도 않고 문제없다고 무시한 것일까.

아무튼 지침을 역이용해서 실시설계 단계에서는 그림처럼 매력적인 조형을 만들어낸 당선자가 승자였던가? 콤페가 아니라면 이렇게 되지는 않았을 것이다.

나는 지침을 무시하고 엘리베이터를 설치했다. 엘리베이터보다 나은 해결 수단은 없다고 생각했기 때문이다.

에어컨을 대신한 '바람의 길'

실은 지침에서 또 하나 문제가 될 조건이 붙어 있었다. '공조 방식'이다.

에너지를 대량으로 소비하는 공조(냉방)의 전면적 사용은 생각하지 않는다. 의회 회의장과 설계를 하는 곳 등 어쩔 수 없이 공조가 필요한 곳 외에는 최소한으로 해야 한다. 그러나 자원과 에너지 절약에 과도한 역점을 두어서 건물 내부의 쾌적성과 상쾌함이 부족해서는 안 된다. 응모자는 기계적 공조와 자연환기, 혹은 식재 방법에 의한 직사광선 방어 등 균형 있게 공조 방식을 제안해 주기 바란다.

웬일인지 구체적으로 제시하고 있다. 무슨 생각일까. 의회에

출석하고 있는 의원들과 일상 업무로 방문하는 방문객을 상대하면서 분주히 돌아다니는 직원과 어떻게 다르다는 말인가.

이것에 대해서 다음과 같은 질의응답이 있었다.

질: 공조(냉방)의 전면적인 사용은 생각하지 않는다고 하는데 그것은 의회의 회의장이나 제도실 등에는 국소적으로 냉방을 한다는 의미인가?

답: 지침을 잘 읽고 적절하게 판단해 달라.

질: 그럴 경우 시민과 접촉하는 일이 가장 많은 창구 업무 부분에는 공조를 하지 않아도 된다는 것인가?

답: 상동

질: 최소한으로 그쳐야 한다는 것은 사무실 등은 냉방 없이 설계하라는 말인가. 아니면 건물 전체를 냉방을 하면서 그 냉방 운전 기간을 가급적 짧게 하라는 것인가?

답: 상동

실은 이 일련의 질문자는 동일 인물로 이런 유의 질문을 6개나 연속으로 했다. 이런 질문을 한 사람은 안 됐지만 낙선했을 것이다. 이런 질문을 하고서도 콤페를 이기는 사람은 없다. 이 콤페의 지침 자체는 조금 꺼름칙하기는 하지만 잘 생각해보면 이 지침에서 요구하는 설계도서에는 설비도 등은 없으며 표현하지 않아도 된다. 이런 것을 신경 썼다가는 이길 만한 설계안은 떠오르지 않는다.

당선안을 보고 놀랐다. 그 "신경 쓰이는 조건"을 역이용이라고 할까. 거기에서 테마를 찾아 조형으로 멋지게 풀어 보여주었다.

거기에 붙인 이름도 좋았다. '바람의 길.'

당선안은 내부 공간 천장에 보와 같은 커다란 콘크리트 덕트를 만들고 군데군데 루버를 만들어 바람이 빠져나가도록 했다. 다시 말해서 그 덕트는 외부에 큰 환풍구를 붙여서 거기에서 자연의 바람이 불어 들어와 군데군데 설치한 루버로 실내에 바람을 넣는 구조다. 창을 열면 자연의 바람이 불어 들어오겠지만, 그것은 '바람의 길'이라는 낭만적인 이름으로 실내 구석까지 바람을 가지고 온다. 지침에서 "기계적인 공조와 자연환기의 균형을 생각해서…"라는 항목을 수동적으로 풀지 않고 적극적으로 내부 공간의 특징으로 바꾸어 훌륭하게 해결한 것이다.

강평을 읽어 보면 "통풍, 채광, 차광 등에 충분히 고려한 점을 볼 수 있다"고 평가하고 있다.

응모안 중에서 이 안을 당선안으로 결정하는 데에 심사위원회로서 주의 사항이 두세 개 쓰여 있었다. 예를 들면 이 건축은 2.4미터 간격으로 네 개의 기둥을 한 조로 한 그리드로 전체가 구성되어 있는데 이것에 대하여 다음과 같은 주의 사항을 제시했다.

"네 개의 기둥은 공간적으로는 재미있을지도 모르겠지만 (부분적으로는) 구조적으로는 필요하지 않은 것이며 또 이런 시스템은 공간적으로도 필요가 없다. 경제적이지도 않은 부분이 많은 듯이 생각된다"라며 부정적이었다. 하지만 실시설계 때에는 개선하지 않았다(내부의 일부분은 장스팬으로 하고 네 개 기둥을 하지 않은 곳도 있지만, 기본적으로는 바꾸지 않았다).

이 네 개의 기둥과 그 크기는 적어도 외관에서는 '남국의 지역성'이라는 분위기를 살리는 데에 결정적인 요소였다고 생각된다.

거장이 아닌데도 설계안을 밀어붙일 수 있는 것은 콤페에서만 볼 수 있는 '승자의 특권'이기 때문일 것이다. 실은 이 책 원고를 쓰려고 현지를 다시 한번 더 찾아가 보았는데 확인하려고 시청에 문의를 했다.

엘리베이터는 언제 설치했나?
답: 공공시설의 무장애시설의 일환으로 2010년에 바다 쪽 경사 부근에 설치를 완료했다(직원은 사용하지 못하게 하고 있습니다).
'바람의 길'은 사용하고 있나?
답: 2000년에 전관의 냉방화에 따라 '바람의 길'의 바깥쪽 통풍구는 닫았습니다.

이 건축물의 준공 연도가 1981년이니 엘리베이터가 설치될 때까지 거의 30년이나 걸렸다. 더구나 "공공시설의 배리어프리화의 일환으로서"라고 하신다. 콤페 지침에서는 "공공건축에서 드디어 사회적 약자에 대하여 배려를 하기 시작하게 되었다"고 하신다. 벌써 알고 계시지 않은가. 이때 적어도 수도권의 구청, 시청 등의 공공건축에서는 엘리베이터를 설치하지 않은 건축은 없었지 않았을까.
더구나 지침에는 이렇게 말하고 계신다.

단순히 신체 장애자용 화장실을 설치하고 입구 부분을 배려하는 정도로 끝내서는 안 되고….(중략)

무슨 생각을 하고 있었던 것일까. 결과적으로 엘리베이터보다

나은 것은 없었고 30년을 견디다가 겨우 설치를 했다. 그간 3층 의회 회의장에서 시의회가 개최되었을 때 방청을 희망하는 신체장애인의 휠체어를 직원이 노천의 긴 경사길을 밀고 올라갔다는 말인가. 비가 오나 바람이 부는 날이나.

그것이 '오키나와식 건축'이라는 말인가. 그건 아니다. 그것이 '오키나와식 건축'이라면 슬프지 않은가.

실은 《건축설계를 위한 프로그램 사전》에 의하면 실시설계를 하는 시점에서 "전체 냉방으로 해달라는 요망을 직원과 의원들이 제출했고 그 검토와 함께 '바람의 길'이 제대로 기능하는가 연구를 진행해 달라"는 의견이 나와 있었다고 한다. 그러나 실험(연구)을 했는지는 모르겠지만 암튼 '바람의 길'은 만들어졌다.

뭐니뭐니해도 콤페의 노른자 중 하나였기 때문이다.

그러나 수도권에서는 신축 구청과 시청에 기계식 냉방을 설치하지 않은 곳은 없었지 않은가. 사무작업의 능력이 우선하기 때문이었다.

도쿄보다 더운 오키나와에서 그것에 견디는 것이 '오키나와식 건축'이라는 것일까. 그건 아니다. 그것이 '오키나와식 건축'이라고 생각한다면 그것 잘못되었다고 생각한다.

뛰어난(이라고 생각한다) 작품이니 만큼 콤페에 많은 문제를 남겼다고 생각한다.

콤페의 경우, 발주자 측의 조건과 요구는 '지침'에 기술되어 있다. 더구나 그것으로 일단 당선안이 결정되면 통상의 설계와는 달리 '승자의 특권'이 발생하는 것을 각오해야 한다는 것일 터이다.

큰 실패로 끝난 국제 콤페

신국립경기장

그래서 콤페는 안 된다는 본보기

올림픽·패럴림픽 주경기장이 된 '신국립경기장'의 콤페는 이미 말이 많았고 제대로 검증한 책도 나와 있어서 이 책에서는 다루지 않으려고 했는데 생각해보니 '그러니까 콤페따위 그만 둬'에 꼭 맞는 소재가 될 것 같아서 거론하기로 했다.

내가 처음 본 이 콤페에 관련한 책은 모두 "자하 하디드(Zaha Hadid)의 당선안이 얼마나 엉망인가"를 주장하는 것뿐이었다. 그런데 두 번째 '한 번 더 콤페', '정확하게는 공모형 프로포잘(제안)'에서 구마 켄고(隈研吾)의 안으로 경기장이 완성되고 나서 출판된 《모두의 건축 콤페론》은 대단히 깊게 고찰했는데 저자는 진지하게 "그래서 콤페는 어떻게 하는 것이 좋을까"를 제안하고 있다.

딴지를 거는 모양이 되겠지만 아무래도 그들과 100% 동의할 수 없어서 스스럼없이 여기에 써볼까 한다.

이 경기장을 건설하려고 결정한 것은 2011년 2월이었다. 이 시점에서는 올림픽 도쿄 개최가 결정되어 있지 않았고 럭비 경기가 주 목적이었다. 럭비 월드컵 경기장으로 사용하려고 한 모양이었다. 이 월드컵을 성공적으로 치르기 위하여 의원연맹이 결성되어 움직이기 시작했다. 특히 럭비 애호가 의원인지 잘 모르겠지만 국회의원이 연맹을 만들면서까지 움직이는 일은 흔한 일은 아니다. 멤버는 모리 요시로(森喜朗)가 필두다. 그가 와세다대학 재학 중에 럭비부였다는 것은 잘 알려진 사실이다.

다음은 아베 신조(安倍晋三), 아소 타로(麻生太郎), 하토야마 유키오(鳩山由紀夫), 후쿠다 야스오(福田康夫)… 에다 사츠키(江田五月), 요코미치 타카히로(横路孝弘)도 럭비에 관심이 있는 줄 몰랐다. 이들 말고도 10명 정도 더 있다. 대단한 진용이다. "일본무도관" 편에서도 썼는데 국회의원이 움직이기 시작하는 것은 틀림없이 '국가적 사업'이며 그 다음 상황도 민간인이 생각하는 가치관과는 다른, 정치의 힘이 좋건 나쁘건 작용하는 것을 알아두어야 한다.

다음 해 3월, 그 경기장의 '장래구상 지식인 회의'가 만들어진다.

지식인 회의…. 이게 또 구성원이 다채롭다.

일본학술진흥회 이사장을 비롯하여 중의원 참의원 국회의원, 일본 올림픽위원회 위원장, 체육협회 회장, 거기에다 마스조에 요이치(舛添要一), 작곡가로 핑크 레이디의 "펫파 경부(ペッパー警部)"와 "UFO"로 잘 알려진 도쿠라 슌이치(都倉俊一).

건축가는 안도 타다오 혼자. 이 인선이 왜 이런 면면이었는지 아직도 알 수 없다. 문부과학성 관계의 독립행정 법인 일본스포츠진흥센터(JSC)가 선정한 모양이다. 의문이 드는 것은 이 지식인 회의의 목적이 경기장의 프로그램 구상과 함께 경기장의 건설 문제가 중요한 목적인데 건축·시공 전문가가 안도 타다오 한 사람으로 괜찮았던 것일까?

지식인 회의의 멤버는 어떤 이유로 이런 인선을 했단 말인가. 국제적으로 크게 실패한 창피스러운 콤페의 싹은 이미 여기서 시작되었다. 콤페가 크면 클수록 처음의 싹은 작은 곳에서 시작하는 것이다. 다시 말해서 그닥 중요하지 않다고 가볍게 생각하고 결정한 것이 복잡하게 퍼져나갔을 때 의외로 치명상이 되는 것이다.

당연히 이 지식인 회의에 '워킹그룹'이 만들어져서 안도 타다오를 지원하지만 나중에 이 경기장 문제가 좌절되고 국제적으로 큰 추태를 불러일으키는 원인이 된 것은 이 워킹그룹에서 결정한 것은 아니었을까. 그런 생각이 든다. 이유는 나중에 말하겠다.

안도 타다오가 중심이 돼서 이 워킹그룹과 설계 콤페의 지침(모집규정)이 결정되었다. 하지만 여기서 안도 타다오가 실질적인 내용을 이끌어 갈 수 있었던가? 직설적으로 말하면 정말로 안도 타다오가 모든 것을 이해하고 만들었단 말인가? 애당초 안도 타다오는 콤페를 많이 경험하고 또 제대로 알고 있었던 것일까. 예를 들면 이소자키 아라타처럼.

여담이지만, 파리에 세워질 일불(日仏)회관의 콤페가 있었을 때 안도 타다오가 일본을 대표해서 심사위원이 되었다. 보도에 의하면 프랑스 건축가인 심사위원장이 안도가 그다지 의견을 내지 않아서 속을 부글부글 끓이다가 "안도 씨, 발언을 많이 해 주세요" 하면서 재촉했다고 한다. 그 콤페에서 '걸작'은 나오지 않았다. 그때 나는 '안도 타다오는 콤페 심사에 안 어울린다'고 생각했다. 다시 말

해서 '뛰어난 건축가가 반드시 뛰어난 심사위원이 되지는 않는다.'

과거의 콤페를 보면, 심사위원이 콤페 지침을 충분히 숙지하고, 경우에 따라서는 작성 때부터 관여하는 경우는 거의 없지 않았을까. 심사위원을 의뢰할 때도 먼저 지침을 만들고 나서 의뢰를 하는 것이 일반적이다.

'센다이시(仙台市) 공회당' 콤페에서는 지침 위반 설계안이 1등으로 당선되어 문제가 되었다. 그때도 심사위원장인 기시다 히데토가 "본 모집 규정은 솔직히 말해서 적절하지 못했다.(중략) 모집 규정이 모두 만들어지고 나서 심사위원으로 의뢰를 받았는데 우물쭈물하는 사이에 수락하고 말았다"고 말했다. 기시다는 당시 콤페의 단골 심사위원이었다. 무슨 말씀을 그렇게 하시나.

다시 말해서 이 콤페의 지침에 대한 책임을 명확하게 해야 한다는 것이다. 물론 형식적으로는 지침을 만든 책임자는 콤페의 주최자인데, 지금 이번의 경우, 실질적으로 책임을 졌나, 누가에게 책임을 물었나. 알 수 없다.

이처럼 건축계가 부푼 기대로 맞이한 콤페인데 건축가들이 느닷없이 실망하면서 관심을 보이지 않게 된 원인은 무엇인가?

그것은 이 콤페의 응모지침에 있는 응모자의 자격이다. 다음이 응모자의 자격이다.

1. 15,000명 이상 수용 가능한 스타디움을 설계한 경험자

2. 국제적인 건축상 수상 경험자. 프리츠커상, RIBA(영국), AIA(미국), UIA(국제연합) 등의 금메달 또는 일본 다카마츠노미야(高松宮) 전하의 문화상 건축부문 등 세계적으로 유명한 5개 상에 한정

1의 "15,000명 이상 수용 가능한 스타디움을 설계한 경험자"는 어쩌자는 것일까.

애초에 이 경기장은 가동식 지붕을 씌우는 것으로 생각하고 있었다. 수용인원은 8만 명이다. 지붕이 있는 경기장을 살펴보면, 도쿄 돔 46,000명, 삿포로 돔 40,000명, 오사카 돔 36,000명, 나고야 돔 40,000명이다. '15,000명 이상'이라는 어중간한 스타디움을 조건으로 내건 셈이다.

8만 명 수용 가능한 지붕을 설치하는 것과 15,000명과는 건축적으로 전혀 다르다. 어떻게 하려고 15,000명이라는 숫자가 나왔나. 15,000명 수용 가능한 지붕을 설치한다고 해서 8만 명 수용할 수 있는 지붕을 설치할 수 있는 능력이 있다는 보장이 없다. 이 점에서도 워킹그룹 다시 말해서 안도 타다오를 지원하고 실질적인 것을 결정하는 조직의 기량을 의심할 수밖에 없다.

'스타디움 설계 경험자'는 따로 두고, '프리츠커상'과 같은 조건을 내걸면 거의 대부분의 건축가는 응모를 할 수 없다. 엄청난 조건을 내건 것이다. 일본은 이 시점에서 몇 사람밖에 없지 않았나. 세계적인 명작을 남긴 경험 많은 건축가가 작품을 제출하면 그야 콤페로서는 사람들의 눈길을 끌고 각이 선다고 생각한 것일까. 그렇게 하면 건축 레벨도 올라간다고 생각한 것일까.

이 조건은 워킹그룹이 생각해낸 것이 분명하다. 이것이 크게 잘못되었다. 프리츠커상을 받을 정도로 세계적인 건축가가 상식적으로 초보자가 결정한 것 같은 틀 안에서 늘 하던 대로 (특색이 없는) 설계를 할 거라고 생각한 것일까. 생각이 짧다. 그러니까 이 워킹그룹이 잘못 했다는 것이다. 콤페 지침(모집 규정)은 전문성 중에서도 높은 식견을 가지지 않으면 안 된다. 첫 번째 조건인 '누구에게 이 설계를 의뢰할 것인가(참가자격)'는 콤페의 행방을 거의 결정짓는 것이다.

지명 콤페를 봐도 알 수 있다. 이 조건이라면, 이 콤페는 지명 콤페나 다름없다. 그것을 워킹그룹에서는 '국제적인 초일류 건축가'를 조건으로 하자고 간단하게 생각했을 것이다. 그런데 건축을 알고 있는 사람이라면 이런 건축가들은 '보통 생각하지도 못한, 틀을 벗어난 발상을 할 수 있으므로 국제적인 상을 받는 것이다'라는 것쯤 알고 있을 것이다. 어떤 땐 발주자의 말도 듣지 않고 상식적으로는 할 수 없는 발상으로 제안도 할 수 있으니 상을 받았다.

이런 얘기가 있다.

나중에 프리츠커상을 받게 되는 이소자키 아라타는 신주쿠의 '도쿄도청사' 콤페에서 지침을 무시하고 본청사의 인근 부지까지 연장해서 그 사이에 도로가 있음에도 그걸 무시한 안을 만든 것으로 유명하다. 도로를 건너뛰면서 건축하는 것은 원칙적으로 법률 위반인데 그걸 무시하고 법률 위반을 한 설계안으로 응모했다. 도의회에서도 이것을 문제로 삼았다.

이러한 사례를 워킹그룹은 알고나 있었을까. 그런 건축가들이 상을 받는 것이다. 외국에서는 소송 한두 건 없으면 일류 건축가라고 하지 않는다고도 한다. 국제적인 최고 상을 받은 건축가 중에도 이런 건축가가 적잖이 있다는 것을 알고 있었던가? 만약 알고 있었다면 심사 때 특별히 주의를 했어야 하지 않았을까.

안도 타다오도 이 점을 놓친 것은 아니었을까. 그도 틀을 부수는 건축가 장본인이니.

자하 하디드가 1위로 결정되었다.

1위로 결정된 설계안은 티브이에서도 반복해서 방영되었는데 볼 때마다 놀라게 하는 '참신한 조형'이었다. 건축의 형태가 나르는 듯하기도 하고 흐르는 듯하기도 한 것을 만드는 것으로 유명한 이라크 출신 여성 건축가 자하 하디드 설계다. 이미 국제적으로 평가가 높은 건축가다.

건축가들도 '이런 건축이 만들어질까?' 놀라기도 하고 걱정스럽기도 한 건축이었다. 안도 타다오가 "지금의 일본, 다들 기운이 빠져 있는데 힘이 날 정도로 깜짝 놀랄 만한 건축을 선정했습니다"라고 하던 것이 인상에 남아 있다. 건축 시공도 "현대 일본 건설기술의 정수를 보여줄 도전할 만한 건축"이라고 했다던가.

나의 뇌리를 스쳐지나간 것은 이전 도쿄올림픽 일이었다. 단

게 켄조가 요요기 옥내 종합체육관으로 세계에서도 처음으로 대규모 매단 구조(吊り構造)로 간담을 서늘하게 하는 걸작을 만들었다. 그것을 보고 건축가를 지망하고 지금 최일선에서 활약하고 있는 건축가, 특히 일류 건축가가 된 사람도 몇 명이나 있다. 그것이 생각났다.

분명히 건축은 사람들에게 힘을 주는 부분이 있다. 그러나 다른 하나도 뇌리를 스쳐지나갔다. 최종 단계가 되자 묘한 분위기가 되어 있었다. 누구의 뜻인지는 모르겠지만 1등 안에 외국인은 곤란하지 않아 하는 말이 나왔다.

이것은 이소자키 아라타가 《건축의 정치학·이소자키 아라타 대담집》(이와나미 서점, 1989)에서 베르나르 추미에게 한 말로 제2국립국장의 심사 때 이야기를 폭로한 것이다.

국가적인 사업의 건축은 '일본인이 해야 한다'는 의식 혹은 암묵의 양해가 있지는 않은가? 그런데도 자하 하디드는 괜찮을까.

하나 더 덧붙이면 제국대학의 조가학과(현 도쿄대학 건축학과)의 우수한 졸업생은 다들 국가사업(관영사업)의 건축을 위하여 일했다는 것을 보면, '이런 일을 하지 않는 도쿄대는 어쩌지' 하는 잠재의식이 있는 것은 아닐까. 이런 생각이 휙 하고 지나치는 것이다.

다쓰노 킨고나 쓰마키 요리나카가 활동한 경위나 기시다 히데토가 중요한 건축을 단게 켄조에게 맡긴 과거를 보면 도쿄대학 출신자가 아닌 이 결과가 과연 괜찮을까.

그렇게 생각하면서 이 콤페를 되돌아보면, 심사위원장이 안도 타다오, 당시 직책은 도쿄대학 명예교수이지만, 이례적 이색적인 인사 채용으로 도쿄대학 교수가 된 사람이다. 그는 도쿄대학을 나오지 않았다. 애초 대학 문에도 가보지 않았던 예외 중 예외.

한 사람 더. 도쿄대학의 전 부학장이 심사위원으로 있었다. 나이토 히로시(內藤廣). 그도 이색적이다. 출신은 와세다대학이다. 순수한 도쿄대학 혈통이 아니다.

다른 두 사람은 도쿄대학 출신이다. 스즈키 히로유키(鈴木博之), 야스오카 마사토(安岡正人). 다만 스즈키는 당시 아오야마(靑山)학원대학의 교수였다. 그가 안도 타다오를 도쿄대학 교수로 초빙한 이색적 인사를 기획한 장본인이라고 알려져 있다.

이런 본류라고 할 수 없는 도쿄대학 계열에서 결정해버려도 괜찮을까. 불안했다. "그런 시대가 아니야. 무슨 메이지 시대같은 얘길하시나"라고 하실지도 모르겠지만 메이지 시대에 논의되었던 문제나 불안이 지금 이 시대에서도 그대로 되풀이되고 있으니 걱정이다.

이 콤페에서는 설계관계 이외를 보좌하려는 것일까, 기술관계 멤버가 준비되어 있었다. 전문 어드바이저, 기술조사위원 등 직책이 쟁쟁한 면면들이 십수 명 포진되어 있다. 총 21명이 심사체제를 깔고 있었던 것이다.

아마 이만큼의 진용으로 심사체제를 꾸린 것은 과거에도 없었던 것이 아닐까. 다만 이렇게나 많은 멤버로 효과를 낼 수 있을까도 의심스러웠다. 이 정도로 어마한 규모의 건축을 법적인 것과 시공기술 문제, 공사비 등이 짧은 심사 기간에서 책임 있게 검토될 수 있었을까. 응모안을 모집하고 나서 발표까지 고작 4개월이었던 것이다.

정식 '응모 지침과 심사 강평'이 없어서 상세한 것은 알 수 없지만 잡지 등 자료에 따르면 설계안을 받기 시작한 것이 2012년 7월. 46점이 제출되었다. 일본 국내 건축가가 12점, 해외에서 34점이 응모했다. 그것을 11작품으로 추려낸 것이 10월. 자하 하디드를 당선작으로 한 것이 11월이다.

설계하면서 이 정도 규모의 건축을 적산해서 예산을 짜고 시공도 검토하려면 어지간히 준비된 설계조직이어야 하지 않을까. 그게 반드시 프리츠커상과는 무관하다. 더구나 외국 국적 건축가들은 주변 환경이나 일본의 시공 기술력, 물가를 조사할 시간이 있을리가 없다. 하지만 주최자가 그렇게 심각하게 생각하지 않았던 것은 아닐까. 이 콤페의 정식 명칭이 '신국립경기장 기본구상 디자인경기'였다. '기본구상'으로 한 것이 묘하다. 이것은 '설계'가 아니다. 만약 설계라면 기본설계이며 그것은 실시설계로 이어져야 한다.

기억하고 있는가. 국립극장 때, 콤페 1등으로 당선되어 기본설계를 한 이와모토 히로유키에게 실시설계를 맡기지 않았다. 당시 일본건축가협회는 '기본설계→실시설계→설계감리'로 연결되어 한덩어리로 되어 있다는 것을 강력하게 주장했다. 그 뒤 국립교토국제회관 콤페에서는 그것들이 하나로 뭉쳐졌다.

후지이 쇼이치로(藤井正一郎)는 이제야 제대로 되었다고 기뻐했다. 그러나 이번에는 그것이 무시되었다. 더구나 '디자인'이라는 말을 사용했다. '설계'가 되면 기술적인 근거가 뒷받침되어야 하지만 디자인은 일반적으로 인상적, 감각적인 형태만 보여줘도 된다. 그래서 주최자의 속셈은 디자인만 보여주면 나머지는 '우리가 그걸로 설계하겠습니다' 하는 것이 아니었나?

이것은 메이지 시대부터 계속된 것으로, 제국대학 졸업, 건축계의 지도적 위치를 자처하고 있는 거물 건축가들이 당연하다는 듯 해온 일이다. 그래서 자하 하디드는 '디자인 감수자'라는 얼토당토않은 위치에 놓인 것은 아닐까.

자하의 설계안은 평판도 좋았고, 당시 한창 "올림픽·패럴림픽을 도쿄에서" 캠페인을 하고 있을 때 이 건축의 조감도는 큰 역할을 했다. "이렇게나 훌륭한 경기장을 마련해두고 찾아오기를 기대하고 있습니다"는 광고는 세계 각처로 퍼져나갔다.

어떻게 된 연유인지는 잘 모르지만, 기본설계, 실시설계의 계약은 닛켄(日建)설계, 아즈사(株)설계, 니혼(日本)설계, ARUP과 했다.

그런데 자하 하디드의 안은 예산은 초과하고 JR 중앙선 선로를 넘나들지 않나 여러모로 문제가 많았던 모양이다. 하지만 콤페는 '규칙'이다. 이 정도로 큰 국가적 조직으로 시작한 콤페로 결정한 1등안이다. 정식 절차를 밟아서 결정된 콤페 안이다. 뭐라고 해도 원안을 살려서 실현해야만 했다. 애초부터 이 정도의 '오버'는 프리츠커상 수상자라면 당연히 예상을 해두었어야 했다.

아니나 다를까 뒤집어버리는 사람이 나타났다

그런데 큰일이 생겼다.

마키 후미히코가 자하 하디드의 설계안에 "중지!"라면서 끼어들어서 "신국립경기장을 진구(神宮)외원 역사적 문맥 속에서 생각하다"는 1만 자에 달하는 논문(혹자는 에세이라고도 한다)을 일본건축가협회 기관지에 투고한 것이다.

그런 생각을 하는 것은 나무랄 일이 아니다. 그런데 콤페 결과가 나오고 9개월이나 지났다. 계약도 했다. 심사에 무슨 부정이라도 있었나?

읽어 보니 "풍요로운 자연경관을 지닌 곳에 너무 크다. 70m는 너무 높다"는 것과 "8만 명을 수용하려면 바닥 면적이 28만m², 이래서는 인근 토지에 비해 너무 과대하다."

주된 취지는 이런 것이다.

뭐야, 이건 자하 하디드의 설계안이 문제라는 것이 아니다. 그 엄청난 조직이 결정한 것이다. 나는 건축가로서 안심했다.

국회의원으로 구성된 의원연맹, 게다가 그쪽의 각계를 대표하는 신국립경기장 장래구성 지식인회의가 결정한 것이다. 그리고 '기본구상 국제 디자인 경기 심사'에 관여한 사람들. 이 사람들은 설계 조건을 설정하는데 어느 정도로 관여한 것일까. 설마 결정할 때 관여하지 않았을지도 모르겠지만 지침에서는 70m 이하라고 이미 정해두었다. 규모도 올림픽·패럴림픽을 위하여 8만 명 수용이 조건이었다. 거기에 따라 정했던 것이다.

더구나 올림픽·패럴림픽 후에는 스포츠뿐 아니라 콘서트장으로도 사용하기로 했다. 이때 소리가 바깥으로 새어나가지 않도록 가동식 지붕도 설치할 예정이었다. 도쿠라 슌이치의 발상이라던데 (나중에 문화청장관에 취임) 새롭고 거대한 국가적 시설을 만든다는 거대한 구상이었던 것이다.

이런 조건을 정해놓고서 콤페는 시작되었다. 주위의 도시계획 경관 규제도 이 조건에 맞추어 개정하는 것은 이미 공시되어 있었다. 이런 것 모두가 응모지침에 표시되어 있었을 것이다. 당초에 마키 후미히코는 일본에서는 드물게 보는 '응모 자격'을 가진 건축가이니, 당연히 응모지침을 알고 있었을 것이다. 그가 발언할 때는 물론이다. 그걸 지금에 와서 이러쿵저러쿵하면….

그것보다 역시 '도쿄대학 본류(정통파)'를 무시한 것이 잘못되었다는 것인가. 짐작만 할 뿐이다.

어느덧 마키 후미히코의 이의 제기는 순식간에 퍼져나가 건축계는 불똥이 떨어진 것처럼 소란스러워졌다. 그다지 관심이 없던 건축가들, 평면도와 높이를 알 수 있는 입면도도 제대로 보지 않던 건축가들도 일본을 대표하는 원로가 등장해서 나발을 불어대니 나발 부는 사람을 따라가는 형국이었다. 그리고 마키 후미히코를 봐서 서명한 건축가도 있었다고 한다. 수백 명이라고도 했다.

이상한 것이 이 장소를 부지로 결정한 조직이 이 소동에 대하여 '결정한 책임자'인데도 찍소리도 하지 않고 무슨 설명이나 의견도 내지 않았던 것이다.

어디까지나 건축가들의 문제라고 입을 싹 닦고 무시하기로 한 것일까. 그러는 사이 TV에서는 매일매일 느닷없이 평론가랍시고 나서는 사람들이 나와 반대 노래를 부르고, 결국 문제는 사회화되어 버렸다. 거대한 풍선을 70m 높이 하늘에 띄우고는 이런 높이로 해도 되냐면서 반대하는 단체까지 나타났다. 저급한 나라 수준을 보여주는 추태였다. "이미 정식 절차를 밟아 결정된 것이므로"라고 해도 "잘못된 것을 안 시점에서 되돌아가야 한다"하고 반박했다.

이 문제는 어떤 '잘못'이 있었던 것일까. "진구의 숲은 역사적으로 봐도 아름다운 곳이므로 이렇게나 거대한 것을 건설해서는 안 된다"는 것은 '잘못'을 고치려는 것이 아니다. 어디까지나 경관론이며 미관론이다. 다시 말해서 관점의 차이, 견해의 다름, 가치관의 다름일 뿐이다. 논쟁은 얼마든지 좋지만 이 시점에서 해서는 안 되는 것이다.

콤페의 경우, 응모지침이 발표되고 질의응답이 있고 그래도 의견표명을 하고 싶으면 설계안으로 해야 한다. 그 이상은 없다. 만약 당선작 발표 다음에 언제든지 '되돌릴 수 있다'는 것이 인정되면 콤페는 존재할 가치가 없다. 일반인들이 세간에 건설하는 건축에 이의를 제기하는 것은 다른 일이다. 이것은 일반건축에 '건축불가를 제소하는 신고'를 하는 제도가 있다. 거기에 따르면 되는 일이다. 하지만 이것은 어디까지나 콤페 결과에 '이의 제기'를 한 것이다.

하나 더 이 콤페에 '이의 제기'가 나온 또 다른 이유로 예산 초과가 있다.

건축의 예산 초과는 '잘못'인가?

역사가 말해준다.

되풀이하는 말이지만, 1964년 도쿄올림픽 때 단게 켄조의 요요기 옥내 종합체육관. 건설성의 예산은 통상의 건축비 계산을 근거로 산출되므로 저와 같은 좋은 건축은 만들어지지 않는다. 예산의 두 배 가까이 들었다고 한다. 그것을 건설 도중에 알게 되어 주간지 등에서도 두들겨 맞았다.

단게 켄조가 다나카 카쿠에이(田中角栄)에게 '부탁드리러' 갔다는 것은 앞에서 말한 대로다. 건설성이 산출한 예산도 단게 켄조가 설계한 건설비 예산 초과도 '잘못'되었다고 할 수 있을까. 건설성은 '통상의 건축비 자료'를 가지고 있어서 그걸로 예산을 짜는 근거로

삼는다. 그런데 단게와 같은 독특한 구상으로 설계한 건축은 '별종'으로 하고 다르게 다루어야 한다.

월급쟁이가 퇴직금과 적금에서 3,000만 엔 예산으로 잡고 할 때 이것을 초과하는 것은 '잘못'이다, 그것과는 다른 일이다. 프리츠커상 작가의 건축은 '별종'이라는 것을 몰랐단 말인가.

다른 얘기지만, 자하 하디드는 국제 콤페에서 이겨 몇 년 전 한국에 대단한 건축을 세웠다. '동대문 디자인 플라자'라는 거대한 우주선 같은 건축을 서울 한가운데에 완성했다. 당초 예산은 800억 원, 콤페 때는 2,270억 원으로 부풀어 올랐다가 완성될 땐 5,000억 원이 되었다. 말도 안 되는 건축가다.

이번의 경우, 지침에 나와 있었던 공사 예정 비용은 1,300억 엔이라고 한다. 그런데 사업자가 3,535억 엔이라고 견적을 냈다. 3배 가까운 금액이다. 이 콤페에는 전문 어드바이저, 기술조사위원이 붙어 있었는데 대체 그들은 뭘 보고 있었단 말인가. 그게 좋았으니 1등으로 선정한 것이 아닌가.

건설비가 '잘못되어 있었다'면 누군가 거기에 책임을 지는 사람을 정해두었던 것일까. 이런 것도 모호하게 놔두고 나중에는 총리대신까지 나서서 정식으로 결정한 당선안을 '백지철회'해버렸다.

잡지 《닛케이 아키텍처》에 따르면 올림픽조직위원회 회장이었던 모리 요시로(森喜朗)가 이런 말을 했다고 한다.

"국가가 고작 2,500억도 지출하지 못했던가 말이다. 나는 불만이다"라고.

그런데서 '잘못된 설계(콤페안)'라는 선이 그어진 것일까.

애초에 계획하고 있던 올림픽·패럴림픽 유치 때 예산이 총액

7,340억 엔이었다. 그런데 올림픽·패럴림픽이 끝나고 나서 보니 실제로는 1조 6,400억 엔이 들었다고 한다. 그런 것이다. 이 말을 되풀이한다.

메이지·다이쇼 때의 결론은 지금도 살아있는 것일까.

결선에서 당선되어도 목적에 맞지 않는다고 인정될 땐 공사를 하지 않을 수도 있다.
경기 성적이 반드시 공평하지도 좋지도 않음.
1등은 반드시 실행하기에 적합하지 않음.

이런 것을 지금도 되풀이하고 있는 것이다.

그렇지만 이번에는 '국가적 사업'으로 만전의 태세로 준비했지만 이런 꼴이다. "일본은 결정한 것도 뒤집어버리고 없었던 일로 한다"는 평판을 얻고 말았다. 그리고 원로들도 건축계도 아무 말도 하지 않는다.

콤페를 뒤집어버린 건축계는 이런 결과가 만족스러웠을까. 어이가 없다.

역시 콤페는 쓸모없는 것인가…?

심사 눈썰미 취향

결국 심사는 취향?

운동 경기의 심사에는 여러 가지가 있는 모양이다.

피겨 스케이팅이나 복싱도 그렇지만 심사위원들이 각자 점수를 매기고 그 합계를 기계적으로 산출해서 승부를 낸다.

건축 콤페는 점수를 내지만 그전에 먼저 심의가 있다. 요컨대 수치만으로는 나타낼 수 없는 내용이 있으므로 그것에 대하여 설명이나 주장이 있을 것이다. 하지만 '심의'도 수상쩍다.

오래된 얘기지만 르네상스 시대.

피렌체 대성당 산타 마리아 델피오레. 이 돔 건축이 콤페에서 이긴 브루넬레스키(Filippo Brunelleschi)가 설계한 것은 잘 알려져 있다. 내가 하고 싶은 말은 이 대성당의 앞에 있는 '세례당'의 문짝 콤페다. 이 문짝은 미켈란젤로가 "천국의 문"이라고 칭송했다는 것으로 유명한데, 이 문짝이 돔보다 먼저 콤페로 제작되었다. 기껏해야 문 한 짝의 콤페였는데 콤페가 숙명적으로 품고 있는 심사위원의 '취향'에 관한 문제가 드러나 그것을 회피하기 위하여 결론을 내지 못했다는 것인데 매우 흥미를 끄는 콤페였다.

콤페에 참가한 것은 7명인데 최종심사에 2명이 남았다. 한 사람은 기베르티(Lorenzo Ghiberti)라는 조각가. 다른 한 사람은 나중에 건축가가 되어 활약하게 되는데 여기서는 조각가로 참가한 브루넬레스키.

다툼이 꽤 치열했던 모양이었다.

이 두 사람의 작품은 디자인이나 기술적 측면 모두 매우 탁월한 것으로 우열을 가리기 어려웠다고 한다. 남은 것은 작풍의 차이라고나 할까, 도안의 분위기가 다르다는 정도였다. 거칠게 말하지만 '동적'과 '정적'이라고 해도 좋은데, 그림 속 천사나 인물의 몸짓이 다를 뿐이었다. 조금 더 구체적으로 말하면 콤페에서는 이 조각의 도안에는 테마가 주어졌는데 그것이 구약성서에 나오는 "이삭의 희생" 이야기이다. 그러니 그 이야기의 어느 부분을 조각으로 할 것인가의 차이뿐이었다. 천사가 하늘에서 내려오는 부분인가, 아니면 천사가 아브라함의 팔을 잡는 순간이…. 그러니까 이젠 취향의 레벨이다. 그 때문에 심사가 꼬여 결론을 내지 못했다. 결국 "나머지는 취향의 문제다. 우열을 가릴 수 없다"며 최종 결론을 내리지 못했다니 재미있는 얘기다.

그러면 어찌 되었나. "둘이 공동제작하세요"라고 결론을 지었다. 그야말로 배려 깊은 조치라고 해야 할까 아니면 무책임이라고 해야 할까. 그럼 둘은 어떻게 했나.

기베르티는 이것을 받았다. 한편 브루넬레스키는 이것을 거부했다. 스스로 내려와 로마로 돌아가버렸다고 한다.

오늘날의 심사는 어떤가.

근본적으로 같은 것은 아닐까. 심사위원을 많이 한 친구가 이런 얘기를 했다. "나중에 나오는 게 좋단 말이야"라고. 무슨 말이냐면, 1등으로 할 설계안이 하나로 좁혀지면 그 안을 두고 미주알고주알 논의가 과열화하게 된다. 의견이 백출하고 결국 평형상태가 된다. 수습할 수 없을 지경이 된다. 그럴 때 "그러면 이게 어떠냐?" 하고 양측의 의견이 더해 둘로 나눈 듯한 무난한 안을 끄집어내면 "그게 좋겠네"라고 한다는 것이다. 쌍방이 물러설 수 없는 상태에서 무난한 안으로 결정된다는 것이다. 그러니 "콤페는 1등 안보다 2등 안이 뛰어난(재미있는) 안이 있다"는 것이 이런 이유에서다.

하지만 이소자키 아라타는 그러지 않는 모양이다.

예를 들면 자하 하디드의 '홍콩 피크'. 원래 심사 대상에서 제척되었던 안을 이소자키가 강력하게 추천하여 결국 1등이 되었다고 한다. 베르나르 추미의 '라빌레트 공원계획' 콤페도 그렇다. 최종 단계에서 종래의 공원 같은 조경가의 안과 콘셉트 우선인 건축가의 안이 대립한 채 결론을 내지 못하고 있었다고 한다. 3개월의 유예기간을 두기로 했다. 머리를 식히기 위한 냉각기간을 가진 것이다. 그 뒤 어떻게 해서 심사가 재개되었는지는 기록이 없다.

파리에는 추미가 설계한 컨셉추얼한 공원이 만들어졌다. 이소자키의 의견이 어떻게 통했나? 제2국립극장 때는 아무래도 이소자키의 주장이 받아들여지지 않았다. 그는 이렇게 말한다.

대부분의 심사위원이 노령이고 각 단체의 대표 지위에 너무 얽매여 있던 사람들이다. 그래서 워낙 세계 건축계 최첨단에서 일어나고 있는 미묘한 차이에 대하여 예비지식이 없는 사람들이 많았다.

이런 식으로 말하면 할 말이 없지만, 하긴 다들 노장이고 노령자였다.

어떤 심사위원을 데리고 와도 결국 '취향'의 문제라고 한다면 다들 자잘한 일로 얼버무리려고 한다고 할 것 같아서 말도 못 꺼내고 꿀꺽 삼킨다. 제2국립극장에서는 '세계 최첨단'이 시행되지 못했지만 라빌레트 공원은 그것을 억지로 통과시킨 안이라고 해서 현지에 가서 보았다. 콤페가 있고 나서 30~40년은 지났을 것이다.

'최첨단에서 일어나고 있는 차이'도 지금은 낡아버렸지만, 가서 보니 뭐가 뭔지 모르겠지만 '폴리'라는 것이 있었다. 그것을 한참이나 바라보면서 많이 배웠다. '이것이 최첨단이었다는 것인가' 하고. 하지만 역시 푸른 잔디밭과 분수와 벤치가 좋다는 사람이 없어진 것은 아니지 않은가…. 하면서 바라다보고 있었다.

그러니까 궁극적으로는 '취향'이라니까. 이렇게 되면 심사위원을 선정하는 콤페도 필요하지 않을까.

심사위원이라면 좋건 싫건 '원조'라는 인물이 있다.

다쓰노 킨고다. 좋건 싫건이라고 해 두었는데 '싫건'이라는 것은 나만 그럴지도 모른다. "그닥 재미없다" 면서 1등 당선안을 변경한 것은 앞에서도 말했다. 이런 짓에 대해 "뭐 하는 짓이야" 하려고 하니 "나, 다쓰노 킨고다!"라고 할 것 같다. '개인의 취향'으로 변경해도 아무도 잘못되었다고 하지 않으니 내가 "그닥 재미없다"고 하는 것이야.

그런데 그 다쓰노 킨고가 스페인 독감에 걸려 사망한 것은 의외로 아는 사람은 많지 않다. 마침 지금 세계는, 이 지구상은 코로나 대유행 중이다. 패닉 상태다. 어떤 지인은 어지간히 시간이 남아 돌았던지 "역사상 팬데믹을 겪은 건축가들이 어떻게 살아남았나"를 조사해서 편지를 보내왔다. 그의 결론은 어떤 팬데믹도 "직접 영향을 끼친 것을 확인할 수 없었다"고 한다. 근데 하나 걸리는 것이 있었다. 그것은 "고토 케이조(後藤慶二)와 다쓰노 킨고, 두 건축가가 연이어 '스페인 독감'으로 희생되었다"는 것이다.

더구나 다쓰노는 '의원건축'의 심사 후 65세의 나이로 사망했다. 상세하게 조사해보니 1919년 3월 25일 사망으로 되어 있다. 일설에 의하면 "이 콤페의 1차 심사 후에 사망했다"고 한다.

이렇게 되니 역사의 '만약'이 신경 쓰인다.

2차 심사에서 만약 다쓰노가 살아 있었다면 결과가 바뀌어서 다른 안이 1등이 되었을 리는 없겠지만, 실시설계에서 '대장성 영선과'에 힘을 썼을지도 모를 일이다. 그런 가정을 해보고 싶다. 다쓰노가 만약 죽지 않았다고 해도 2차 심사에서 '다른 안'으로 뒤집어버리지는 않았을 것이라고 생각하는 것은 다른 안과 다투었다는 기록이 없는 것과 콤페 후 그 결과가 공개 전시를 해도 입선작의 평판도 좋지 않았지만 '이쪽이 더 좋지 않았나'와 같은 의견도 나오지 않았기 때문이다.

1차 심사 때부터 설계안이 저조해서 비난이 쇄도했던 모양이다. 다쓰노는 여태까지처럼 1등 당선안이 "그닥 재미없어도" 손을 보면 된다는 생각을 가지고 있지는 않았을까. 쓰마키 요리나카가 죽고 난 후 대장성 영선과에 들어가 설계안을 손볼 생각이었던 것은 아니었을까. 그렇게 추측해보는 것이 자연스럽다.

이게 일본의 콤페 심사라는 것을 염두에 두어야 하지 않을까.

후기

베르나르 추미가 《건축의 정치학 이소자키 아라타 대담집》(이와나미
서점, 1988)에서 이런 말을 하고 있다.

> **일을 얻기 위하여 연중 콤페를 계속해야 한다니 이런 직업이 달리 또**
> **있을까.**

확실히 그렇다.

음악 콩쿠르에서도 장기간에 걸쳐 엄청난 에너지를 쏟는다.
그날을 위하여 연습을 거듭하는 것은 당연하다. 예를 들면 쇼팽 피
아노 콩쿠르는 몇 개월 전부터 바르샤바에 방을 빌려서 쇼팽의 공
기에 온몸을 적신다는 얘기를 들은 적이 있다. 하지만 그것은 콩쿠
르에서 상을 타기 위한 것이 목적이다. 건축은 '일을 획득하기 위한
수단'이다. 그러니 의미가 다르다.

나는 이러한 '일을 획득하기 위한 수단'으로서 콤페에 의문을

가지고 있다. 그것이 겉으로 보기에 공평성의 면제부로서 공공건축의 형식적인 콤페인 것에 의문을 가지고 있다. 조사를 해보니 '공평성'이라면서 콤페 내용 그 자체가 결코 공평하지 않은 것이 있다거나 태연히 규정 위반이 이루어지고 있었다. 이러면 콤페는 존재 가치조차 없다.

콤페를 개최할 때도 그리고 끝나고 나서도 규정을 어길 정도로 어이없는 짓은 건축계에서 있어서는 안 된다.

그러나 이소자키 아라타는 이렇게 말한다.

콤페는 신인의 데뷔 무대가 된다. 동시에 한 사람의 데뷔를 위하여 수백 배의 에너지가 사회적으로 낭비된다.

맞는 말이다.

무명으로 콤페를 할 때까지 알려지지 않았던 건축가가 일약 유명하게 되어 활약하는 것, 콤페 덕택에 역사에 남을 명작이 만들어지는 것은 물론 있다.

'제퍼슨 메모리얼'은 당선 소식이 전해졌을 때 틀림없이 아버지 엘리엘 사리넨(Eliel Saarinen)의 작품이 당선되었을 거라고 오해하고 사무소에서 축하연을 준비하고 있었다. 그런데 무명 건축가인 아들 에로 사리넨(Eero Saarinen)의 작품이었다는 이야기가 전해져 온다.

이소자키 본인이 신인 데뷔를 연출했다.

홍콩의 '더 피크(홍콩피크)'의 콤페에서 1등으로 당선된 자하 하디드도 이 당시는 몇몇 사람만 알고 있었는데 콤페 당선 후 갑자기 국제적인 '화제의 건축가'가 되었다. '요코하마 국제여객선 터미널'도

물결치는 바닥이 사람들을 놀라게 했다. 심사 강평에서 이소자키 아라타는 "최근 20년 정도 사이, 전 세계에 만연한 양식적·반양식적 다원주의를 뒤엎는 혁신적인 건축적 아이디어가 여기에 제시되어 있다"고 평가하고 혁신적인 터미널을 실현했다.

콤페가 계기가 되었지만 이런 좋은 사례는 세계 각처에서 무수히 일어나고 있는 콤페 중 열 손가락에 꼽을 정도라고 해도 좋은 것이다. 이것은 예외 중의 예외, 기적 중의 기적이다. 그렇다고 해서 이들을 없애버리자는 생각은 털끝만큼도 없다. 예외나 기적은 남겨두면 된다.

본시 건축 작품은 객관적이라거나 과학적으로 차이를 계측할 수 없으므로 '공평하게' 다투는 것 자체가 무의미하고 불가능한 것이다. 통상 '공평성'을 기치로 내걸고 '일을 획득하기 위한 수단'으로서 이루어지고 있는 콤페는 문제가 있다.

자, 그럼 어떡하지?

이 부분에서 이 책의 편집과 많은 조언을 해준 우와소 켄이치로(上曽健一郎) 씨에게 감사인사를 해야 하는데 그는 그런 것을 좋아하지 않으니 감히 여기서 적어 두지는 않겠다. 다만 본심을 말해둔다.

그는 나와 같은 와세다대학 건축학과를 졸업했다. 유명한 건축 관련 편집 조직에 들어갔지만 이내 그만두었다. 그즈음 일본은 건축 잡지도, 책도 읽지 않고 있었다. 물론 팔리지도 않았다.

예전 나 때에는 그랬다는 '라떼'는 아니지만 그때는 잡지를 보고 책을 읽고 건축을 맘껏 이야기했다.

그런 때가 다시 오기를 기대하며 그에게 이 책의 편집을 부탁했다.

옮긴이의 말

이 책은 요시다 켄스케(吉田研介)의 《建築コンペなんてもうやめた
ら?: 築コンペの醜い歴史》(WADE, 2022)를 우리말로 옮긴 것이다. 일본
어 책 제목을 우리말로 하면 "건축 콤페 이제는 그만하지 그래?: 건
축 콤페의 추한 역사"이다. 요시다 켄스케의 글이 우리말로 번역 출
판된 것은 《르코르뷔지에 미워》(강영조 옮김, 2021)에 이어 두 번째이다.

《르코르뷔지에 미워》는 르코르뷔지에가 논리적으로 앞뒤가
맞지 않는 말을 하면서 설계한 건축을 미주알고주알 씹어대는 글
이었다. 이번에는 일본 근현대 건축사에서 빼놓을 수 없는 저명한
건축을 씹는다. 정확하게는 건축의 디자인이나 건축가의 뒷담화를
하는 것이 아니라 그 건축을 이 세상에 나오게 한 '콤페'라는 심사
방식에 딴지를 거는 글이다.

여기서 말하는 '콤페'는 '콤페티션(competition)'을 줄인 말로 설
계경기라는 뜻이다. 건축물의 설계자를 누구로 할 것인지 결정할
때 마치 운동경기처럼 설계안을 서로 내놓고 겨루는 것을 '건축설

계경기' 또는 '건축 콤페'라고 한다. 건축설계경기는 그리스 시대로 거슬러 올라갈 정도로 오래된 설계안 선정 방법이다.

그런데 요시다 켄스케는 콤페를 이제는 그만 두자고 한다. 그러면서 일본에서 근대 이후 콤페로 선정된 저명한 건축물을 하나씩 꺼내서는 공정해야 하는 콤페가 불공정하게 진행되고 또 그게 지금에 와서도 고쳐지지 않으니 콤페 따위 없애버리라고 주장하고 있다. 이 책에서 콤페 무용론에 호출된 건축은 1907년의 타이완 총독부 청사 건축부터 2012년의 도쿄 신국립경기장에 이르기까지 실로 100년 동안 실시된 콤페 중에서 공정성을 의심하게 하는 15개 건축물이다.

그런데 이 책을 읽고 있자니 저자의 의도와는 다르게 일본 근현대 건축사에 등장하는 건축의 설계안과 건축가의 선정과정에 더 흥미가 간다. 남의 나라 건축 이야기라 구경꾼의 입장이어서 그런지 저자가 분통을 터뜨리는 불공정성에 공감하기보다는 심사위원장이 당선안을 무단으로 변경하고, 1차 고득점 설계자가 최종심사에서 번복되기도 하고, 심사과정에서 심사위원장이 느닷없이 심사위원을 추가 영입하여 심사결과를 뒤집기도 하는 부분이 더 흥미를 끈다. 1등 안을 발표하고 나서 여론에 밀려 당선자를 번복한 것도 있다. 심지어 심사위원회에서 '1등 안 없음'으로 하고 나서는 심사위원이 그 건축의 설계자가 되었다는 부분에서는 한편의 막장 드라마를 보는 듯 실없는 웃음을 자아내게 한다.

어이없는 콤페로 선정된 설계자와 그들이 지은 건축이라고 해도 일본의 근현대 건축을 대표하는 뛰어난 것들이다. 모두 일본 건축계에서 걸작으로 손꼽힌다. 그래선지 이 책은 콤페 무용론이 아니라 근현대 일본 건축가들이 어떤 과정을 거쳐 역사에 남을 명건축을 만들게 되었나를 보여주고 있다. 일본 현대 건축사에 남을 거장들도 젊은 시절에는 당대의 라이벌 건축가들의 심사 평가를 받았다. 다시 말해서 현대 일본건축의 성장기록이다. 일본의 건축가들이 좋은 건축을 만들기 위하여 흘린 뜨거운 땀방울의 기록이기도 하다.

저자도 잘 알고 있을 것이다. 건축 콤페가 어제오늘 시작한 것이 아니라는 것을. 그래서 쉽사리 없어질 제도도 아니라는 것도. 콤페가 젊은 건축가의 등용문이라는 점도 충분히 알고 있으며, 시민의 세금으로 건설되는 공공건축의 설계자 선정에는 공정성이 담보된 콤페가 가장 좋은 제도라는 것도 납득하고 있을 것이다.

저자가 이 책의 제목을 《건축 콤페 이제는 그만하지 그래?》라고 붙인 것은 판매 부수를 늘리려는 출판사의 제안을 거절하기 힘들어서 그랬다고 한다. 원고를 집필할 당시 생각해둔 제목은 "일본 건축 콤페의 흑역사"였다. 애초에 쓰고 싶었던 것은 콤페 무용론이 아니었다는 말이다. 한국어판에서는 책 제목을 《건축 콤페: 일본 건축 콤페의 볼썽사나운 역사》로 붙였다. 책 제목은 출판사가 붙인 것인데, 이쪽이 책의 내용과 더 잘 어울린다고 생각한다.

이 책에서는 100여 명의 건축가와 수많은 근현대 건축물이 언급되어 있다. 일본인들에게는 누구나 알 수 있는 저명한 건축가들이며 건축물이다. 그래선지 일본어판에는 최소한의 건물 사진만 게재되어 있다. 하지만 우리나라 독자에게는 생소한 건축가들이고 또 건축물들이다. 그래서 일본어판과는 달리 가급적 많은 건물 사진을 수록하려고 했다. 책에서 언급된 건축물 중에서 글의 이해를

돕기 위해 반드시 필요하다고 생각한 사진을 구해 실었다. 대부분은 저작권이 없는 일본의 위키 커먼즈에서 가지고 왔다. 그렇지 않은 것은 직접 설계자 또는 설계 사무실에 연락을 해서 도판의 사용권을 허락받았다. 그런 경우에는 사진에 저작권자를 명기했다. 그리고 책 뒷부분에는 이 책에서 거명된 건축가들 중에서 중요하다고 판단한 인물을 모은 인명록과 이 책에서 논의한 건축물과 동시대에 건설되었던 저명한 건축을 수록하였다. 일본어판과 비교하면 한국어판이 사진도 풍부해서 읽기 쉬운 책이 되었다.

이 책을 일본의 현대 건축에 관심을 가지고 있는 분들에게 권하고 싶다. 근엄한 건축사 교과서나 안내 책자와 함께 읽으면 일본 건축에 좀 더 친근하게 다가갈 수 있을 것이다.

2023년 장마가 징글징글한 7월 하순 어느 날
강영조

부록

책에 소개된 건축 콤페 내역 상세

콤페 명칭	기간	방식	대상시설	대상지
히로시마 평화기념 카톨릭 성당(広島平和記念カトリック聖堂)	1948. 3 ~ 1948. 6	1단계 공개 콤페	성당, 부속시설 (강당, 숙소, 사제관 외)	히로시마현 히로시마시 나카구 노보리마치 4-29(広島県 広島市 中区 登町4-29)
센다이시 공회당 (仙台市公会堂)	1948. 6 ~ 1948. 8	1단계 공계 콤페	공회당	센다이시 아오바구 사쿠라가오카 공원 41 (仙台市 青葉区 桜が岡公園 41)
히로시마 평화기념공원과 기념관(広島平和記念公園及び記念館)	1949. 5 ~ 1949. 8	1단계 공개 콤페	기념공원(조경, 동선, 광장, 식재)+기념관(자료진열관, 집회장, 회의실, 도서실, 사무실 등)+종탑	히로시마시(広島市)
국립국회도서관 (国立国会図書館)	1953. 10 ~ 1954. 3	1단계 공개 콤페	국회도서관	도쿄도 치요다구 나가타초 1초메(東京都 千代田区 永田町 1丁目)
국립극장 (国立劇場)	1962. 9 ~ 1963. 3	1단계 공개 콤페	가부키(歌舞伎)를 중심으로 하는 고전예능 공연과 고전예능 보존·진흥을 위한 조사 연구, 양성, 정보 기능	도쿄도 치요다구 하야부사초(東京都 千代田区 隼町)
일본 무도관 지명설계경기(日本武道館 指名競技設計)	1963. 7 ~ 1963. 8	지명 콤페	무도관	도쿄도 치요다구 기타노마루 공원 2-3(東京都 千代田区 北の丸公園 2-3)

설계조건	심사위원	시상 내역	응모 현황
부지면적 5,947㎡ 건축 연면적 불명	이마이 켄지, 호리구치 스테미, 무라노 토고, 요시다 테츠로(이상 건축가), 구라파 이냐시오(예수회 교회건축사), 후고 라살 (전일본관구장), 오기하라 아키라(萩原 晃. 카톨릭 히로시마교구장), 후원신문사 아사히 대표	1등: 1팀 10만엔+ 실시설계권 2등: 2팀 각 5만엔 3등: 3팀 각 2만엔 가작: 8팀 각 5천엔	등록 1,309팀 제출 177팀
조건 불명	엔도 아라타(遠藤 新), 오구라 쓰요시(小倉 強), 기시다 히데토, 기무라 코이치로(木村 幸一郎. 이상 건축가), 오카자키 에이마쓰 (岡崎栄松. 센다이 시장)	1등: 1팀 실시설계권 그 외 상금 불명	응모 60팀
부지면적 123,750㎡ 건축 연면적 불명	오리시모 요시노부(折下吉延. 심사위원장, 공원녹지협회 이사), 이이다 가즈미(飯田 一実. 히로시마현 토목부장), 이토 고로(伊 東五郎. 건설성 건축국장) 이토 유타카(伊 藤豊. 히로시마 상공회의소 회장) 기시다 히데토(도쿄대학 교수), 기타무라 토쿠타로 (北村德太郎. 건설성 시설과) 타무라 쓰요시(田村剛. 임학박사), 미나미 쿤조(南 薫造. 화가), 니토구리 쓰카사(任都栗司. 히로시마시의회 의장)	수석: 1팀 7만엔+ 실시설계권 차석: 1팀 5만엔 3석: 1팀 3만엔 가작: 5팀 각 1만엔	응모 140팀
부지면적 약 15,000㎡ 건축 연면적 약 50,000㎡	아쿠다가와 오사무(芥川治. 참의원 사무총장), 이토 이와오(伊東岩男. 참의원 국회도서관 운영위원장) 이마이 켄지 (와세다대학 교수) 외 12명	1등: 1팀 100만엔+ 실시설계권 2등: 1팀 60만엔	응모 123팀
부지면적 32,700㎡, 건축 연면적 24,000㎡	우치다 요시카즈(건축가), 이토 요시아키 (伊藤喜明. 불명), 호소가와 타츠(細川 立. 불명) 가와타케 시게토시(河竹繁俊. 연극학자), 다카하시 세이치로(高橋誠一 郎. 문학), 기시다 히데토, 다니구치 요시로, 무라노 토고, 요시다 이소야(이상 건축가)	1등: 1팀 350만엔+ 실시설계권 2등: 1팀 150만엔	등록 2,334팀 제출 307팀
부지면적 10,000㎡, 건축 연면적 28,000㎡	다니구치 요시로, 나이토 타츄, 호리구치 스테미, 무토 키요시(武藤清), 모리타 케이치, 요시다 이소야(이상 건축가)	참가 보수 150만엔+ 모형 제작비 30만엔	

콤페 명칭	기간	방식	대상시설	대상지
카톨릭 도쿄대사교구 카테드랄 지명설계경기 (カソリック東京大司教区キャセドラル指名競技設計)	1961. 12 ~ 1962. 4	지명 콤페 단게 켄조, 다니구치 요시로, 마에카와 쿠니오	성당, 광장, 사교관+사제관 +여자수도원 외	도코도 분쿄구 세키구치3-16-5 (東京都 文京区 関口 3-16-5)
나고시청사 (名護市庁舍)	1978. 8 ~ 1979. 3	2단계 공개 콤페	시청사	오키나와현 나고시 미나투바루 구역 (沖縄県 名護市 港原地内)
쇼난다이 문화센터 프로포절 디자인 콤페티션 ('湘南台文化センタ-' プロポ-ザル デザイン コンペティション)	1985. 10 ~ 1986. 2	2단계 공개 콤페	어린이 문화센터+ 시민센터+ 공민관	가나가와현 후지사와시 쇼난다이 1초메(神奈川県 藤沢市 湘南台1丁目)
최고재판소 (最高裁判所)	1968. 4 ~ 1969. 3	1단계 공개 콤페	최고재판소 청사	도쿄도 치요다구 하야부사초(東京都 千代田区 隼町)

설계조건	심사위원	시상 내역	응모 현황
부지면적 15,000㎡, 건축 연면적 3,000㎡	이마이 켄지, 요시타케 야스미, 스기야마 히데오(이상 건축가), 독일 건축가 1인, 신부 3인	각 130만엔	
부지면적 10,000㎡, 건축 연면적 6,000㎡	세이케 키요시, 마키 후미히코(이상 건축가) 외 3명(시장 등)	1단계 입선: 각 70만엔 아이디어상: 각 4안 10만엔 2단계 1석: 실시권 2석: 1팀 150만엔 3석: 1팀 100만엔 가작: 2팀 각 80만엔	등록 795팀 제출 308팀
부지면적 7,970㎡, 건축 연면적 123,000㎡	세이케 키요시, 이소자키 아라타, 마키 후미히코(이상 건축가) 외 4명(시장 등)	1등: 300만엔+실시설계권 입선: 2팀 각 100만엔 가작: 5팀 각 20만엔	등록 1,024팀 제출 215팀
부지면적 37,000㎡, 건축 연면적 42,800㎡	이토 시게루(伊藤 滋. 도시계획), 사카쿠라 준조, 무라노 토고, 요시타케 야스미, 요시다 이소야(이상 건축가) 외 6명	최우수상: 1팀 500만엔+ 실시설계권 우수상: 4팀 각 500만엔	등록 1,398팀 제출 217팀

책에서 언급된 일본의 주요 건축인

	가타야마 토오쿠마 (片山東熊)	1854~1917	메이지 때 활약한 건축가. 공부대학교 건축학과 1기생. 조사이어 콘더의 1기생. 구 동궁어소(현재의 영빈관, 국보)
	고토 신페이 (後藤新平)	1857~1929	일본의 의사, 관료, 정치가. 대만총독부 민정장관. 남만주철도 초대 총재. 체신대신, 내무대신, 외무대신. 도쿄도 제7대 시장을 역임했다.
	기시다 히데토 (岸田日出刀)	1899~1966	도쿄대학 건축학과 졸업. 도쿄제국대학 대강당(야스다 강당) 설계
	기지마 야스후미 (木島 安史)	1937~1992	와세다대학 건축학과 졸업. 대표작으로 고풍원(孤風院), 구마모토 구사바초교회(日本キリスト教団熊本草葉町教会)
	기쿠타케 키요노리 (菊竹清訓)	1928~2011	와세다대학 건축학과 졸업. 스카이 하우스, 이즈모대사청의 사(出雲大社庁の舍), 도코엔(東光園)
	나가노 우헤이지 (長野宇平治)	1867~1937	도쿄대학 건축과 졸업. 다쓰노 킨고의 지도로 오사카, 교토에서 은행을 설계. 일본은행 본점 증축

	나카무라 타츠타로 (中村達太郎)	1860~1942	일본의 건축사연구자. 건축가. 공학박사. 도쿄대학 교수. 일본 건축구조학의 시조. 건축구조, 건축재료, 건축사 등을 가르쳤다.
	다니구치 요시로 (谷口吉郎)	1904~1979	도쿄대학 건축과 졸업. 도쿄공업대학 교수. 도쿄공업대학 수력실험실, 동궁어소 등
	다쓰노 킨고 (辰野金吾)	1854~1919	일본의 건축가. 공부대학교 (지금의 도쿄대학 공학부) 졸업. 도쿄대학건축학과 교수. 도쿄역, 일본은행본점, 오사카시 중앙공회당, 나라호텔
	다케 모토오 (武基雄)	1910~2005	와세다대학 건축학과 졸업. 나카사키 수족관, 나가사키공회당
	다카야마 에이카 (高山英華)	1910~1999	도쿄대학 건축학과 졸업. 근대 도시계획학의 창시자로 알려져있음. 도시공학의 선구자. 도시재개발, 광역계획, 도시방재 등을 지원
	단게 켄조 (丹下健三)	1913~2005	도쿄대학 건축학과 졸업. 프리츠커상 수상. 히로시마 평화기념관, 히로시마 평화공원, 가가와현청사, 도쿄도청사
	마쓰다 군페이 (松田軍平)	1894~1981	코넬대학 건축학과 졸업. 미국 건축사무실 재직. 구 미쓰이물산 모지지점, 미쓰이은행 신주쿠 지점

마쓰마에 시게요시 (松前重義)	1901~1991	일본의 관료, 정치가, 과학자, 교육자. 도호쿠대학 졸업 후 체신청에 기관(技官)으로 입사. 무장하(無裝荷) 케이블 통신 방법의 발명. 체신원 총재, 국제 유도연맹회장, 도카이대학 설립자
마에카와 쿠니오 (前川國男)	1905~1986	도쿄대학 건축학과 졸업. 르코르뷔지에 제자. 일본 근대건축의 선구자. 도쿄문화회관, 도쿄해상화재빌딩
마키 후미히코 (槇文彦)	1928~	도쿄대학 건축학과 졸업. 힐사이드 테라스, 스파이럴, 마쿠하리 멧세, 도쿄체육관. 1993년 프리츠커상 수상
무라노 토고 (村野藤吾)	1891~1984	와세다대학 건축학과 졸업. 세계평화기념성당, 닛세이 극장
무라타 마사치카 (村田政真)	1906~1987	도쿄예술대학 건축학과 졸업. 고마자와 올림픽공원 종합운동장 육상경기장
사카쿠라 준조 (坂倉準三)	1901~1969	도쿄대학 미학미술사학과 졸업. 파리 공업대학. 르코르뷔지에의 제자. 가나가와현립근대미술관, 신주쿠역 서쪽 광장
세이케 키요시 (清家清)	1918~2005	도쿄공업대학 건축학과 졸업. 동교 교수. 기능주의 도시주택의 프로토타입을 제안. 규슈공업대학 기념강당, 가루이자와 프린스호텔

	시노하라 카즈오 (篠原一男)	1925~2006	도쿄공업대학 건축학과 졸업. 1970년대 이후 주택건축디자인에 업적을 남김. 하우스 인 요코하마, 도쿄공업대학 100년 기념관
	시모타 키쿠타로 (下田菊太郎)	1866~1931	공부대학교(도쿄대학) 조가학과 중퇴 후 미국의 건축사무소에서 실무. 요코하마에서 설계 사무소 개소. 관청 건축 등에 흔히 쓰이는 제관양식을 최초로 제안
	쓰마키 요리나카 (妻木頼黄)	1859~1916	일본의 건축가. 메이지 건축계의 3대 거장으로 꼽는다. 공부대학 조가학과 (도쿄대학 건축학과의 전신) 에 입학 후 졸업하지 않고 미국 코넬대학 건축학과로 유학. 졸업후 뉴욕에서 실무. 대장성 영선조직을 확립. 영선관료로서 절대적인 권력을 가짐
	쓰카모토 야스시 (塚本靖)	1869~1937	일본의 건축가. 공부대학교 (도쿄대학) 조가학과 졸업 후 메이지 미술대학 강사, 도쿄대학 조교수. 건축의장, 장식, 공예의 연구, 교육을 함. 구 서울역청사
	아시하라 요시노부 (芦原義信)	1918~2003	도쿄대학 건축학과 졸업. 올림픽 고마자와 체육관, 관제탑, 소니빌딩
	안도 타다오 (安藤忠雄)	1941~	콘크리트 마감 건축으로 일본은 물론 해외에서 주택, 교회, 박물관 등을 건축. 스미요시 주택, 빛의 교회. 프리츠커상 수상

야마구치 분조 (山口文象)	1902~1978	도쿄공대부속직공도제학교 졸업. 긴설성 영선괴에서 제도공으로 건축 시작. 주로 교량, 토목시설을 설계. 구로베가와(黒部川) 제2 발전소, 도쿄 조선대학교(朝鮮大学校) 교사 등
야마다 마모루 (山田守)	1894~1966	도쿄대학 건축학과 졸업. 체신청 영선과 재직 후 도카이대학 교수. 에타이교 (永代橋), 히지리교(聖橋)와 같은 교량 외 도쿄중앙전신국, 도카이대학 쇼난 캠퍼스
야마시타 토시로 (山下寿郎)	1888~1983	도쿄대학 건축과 졸업. 가스미가세키 빌딩, NHK 방송센터
오에 히로시 (大江宏)	1913~1989	도쿄대학 건축학과 졸업. 호세이대학 55년관·58호관, 가가와현립 마루가메고등학교 무도관, 국립 농악당
오카다 신이치로 (岡田信一郎)	1883~1932	도쿄대학 건축학과 졸업. 다쓰노 킨고의 제자. 오사카 중앙공회당. 도쿄부미술관. 가부키자. 메이지 생명관
오타니 사치오 (大谷幸夫)	1870-1920	일본토목회사(타이세이 건설의 전신), 궁내성 동궁어소 (아카사카 이궁) 어조영국 기수. 국회의사당 당선
와타나베 후쿠조 (渡辺福三)	1924~2013	도쿄대학 건축학과 졸업. 국립교토국제회관, 가와사키역 서쪽지구시가지재개발계획
요시다 이소야 (吉田五十八)	1894~1974	도쿄미술학교(도쿄예술대학 전신) 졸업. 동 대학 교수. 고토미술관, 일본예술원회관

요시다 테츠로 (吉田鉄郎)	1894~1956	도쿄대학 건축학과 졸업. 체신건축의 선구자. 도쿄중앙우체국, 오사카중앙우체국
요시자카 타카마사 (吉阪隆正)	1917~1980	와세다대학 건축학과 졸업. 르코르뷔지에 사무실에서 실무. 와세다대학 건축학과 교수. 베네치아 비엔날레 일본관, 도쿄 아테네 프랑세즈, 대학 세미나 하우스
우치다 요시카즈 (内田祥三)	1885~1972	도쿄대학 건축학과 졸업. 건축구조 전공. 도쿄제국대학 대강당(야스다 강당)
이마이 켄지 (今井兼次)	1895~1987	와세다대학 건축학과 교수. 와세다대학도서관, 일본 26인 성인순교기념관
이소자키 아라타 (磯崎新)	1931~2022	도쿄대학 건축학과 졸업. 포스트 모던 건축을 주도함. 쓰쿠바센터 빌딩, 로스앤젤레스 미술관, 오이타현립도서관
이와모토 히로유키 (岩本博行)	1913~1991	고교 건축학과 졸업 후 다케나카 공무점 입사. 일본 건축소재의 색채를 사용하여 통일감을 주는 건축이 특징. 텐진빌딩. 고베 간덴빌딩. 고베 오리엔탈 호텔

	이토 추타 (伊東忠太)	1867~1954	건축가이자 건축사연구자. 제국대학 공과대학(지금의 도쿄대학 공학부) 졸업. 서양건축학을 기초로 하면서 일본 건축을 본격적으로 재발견함. '조가(造家)'라는 말을 '건축'으로 바꾸었다. 츠키지혼간지(築地本願寺)
	조사이어 콘더 (Josiah Conder)	1852~1920	영국의 건축가. 도쿄대학 건축학과 교수로 일본에 온 이후 메이지정부 관련 건물을 설계. 메이지 이후 일본 건축계의 기초를 마련
	호리구치 스테미 (堀口捨己)	1895~1984	도쿄대학 건축학과 졸업. 메이지대학 건축학과 교수. 전통문화와 모더니즘의 통합을 도모함. 주택 작품 다수. 오시마측후소, 메이지대학도서관
	호즈미 노부오 (穂積信夫)	1927~	와세다대학 건축학과 졸업. 와세다대학 교수. 나고야 텔레비전 탑
	하세가와 이츠코 (長谷川逸子)	1941~	간토학원대학 건축학과 졸업. 쇼난다이 문화센터, 니가타시민예술문화회관
	후지모리 테루노부 (藤森照信)	1946~	도호쿠대학 건축학과 졸업. 도쿄대학 건축학과 교수. 건축역사학자. 대표 저서 《메이지의 도쿄계획》,《일본의 근대 건축》,《단게 켄조》

일본 근현대 건축 연표(책에 소개된 건축을 중심으로)

콤페실시 및 건축물 완공 연도	콤페 명칭	1위 설계자	책에 소개된 건축물과 비슷한 시기에 지어진 대표적인 건축		설계자
1907	타이완총독부 청사	1등 없음			
1909			아카사카 이궁		가타야마 토오쿠마
1909			나라 호텔		다쓰노 킨고
1911			니혼교		쓰마키 요리나카
1912	오사카시 공회당	오카다 신이치로			
1912	오사카시청사	우수작 3점 선정			
1914			도쿄역		다쓰노 킨고

연도	건물1	건축가1	건물2	이미지	건축가2
1917			개항기념 요코하마 회관		후쿠다 시게요시
1918	국회의사당	와타나베 후쿠조			
1922			제국호텔		프랭크 로이드 라이트
1948	히로시마 평화기념 카톨릭 성당	1등 없음			
1948	센다이시 공회당	다케 모토오			
1949	히로시마 평화기념공원 및 기념관	단게 켄조			
1951			가나가와현립 근대미술관		사카쿠라 준조
1954	국립국회도서관	다나카 + 오타카			
1958			스카이 하우스		기쿠다케 키요노리

1958			가가와현청사		단게 켄조
1959			국립서양미술관		르 코르뷔지에
1962	카톨릭 도쿄대사교구 카테드랄	단게 켄조			
1962	국립극장	이와모토 히로유키			
1963	일본 무도관	야마다 마모루			
1963			이즈모 대사청의 사		기쿠다케 키요노리
1964			국립요요기 경기장		단게 켄조
1966			오이타 현립도서관		이소자키 아라타

1969	최고재판소	오카다 신이치			
1970			일본만국 박람회장		단게 켄조
1976			스미요시의 주택		안도 타다오
1979	나고 시청사	조설계집단			
1983			쓰쿠바센터 빌딩		이소자키 아라타
1984			실버 헛		이토 토요
1986	쇼난다이 문화센터	하세가와 이츠코			

1986			스파이럴		마키 후미히코
1989			빛의 교회		안도 타다오
1991			도쿄도청사		단게 켄조
2000			센다이 미디어텍		이토 토요

2002			요코하마 대잔교 국제여객터미널		FAO
2004			가나자와 21세기 미술관		SANAA
2012	신국립경기장	자하 하디드			
2012			도쿄 스카이트리		닛켄설계